中等职业学校计算机系列教材
zhongdeng zhiye xuexiao jisuanji xilie jiaocai

计算机图形图像处理
Photoshop CS3
上机指导与练习

郭万军 李辉 主编 刘强 副主编

人民邮电出版社
北 京

图书在版编目（CIP）数据

计算机图形图像处理Photoshop CS3上机指导与练习
/ 郭万军，李辉主编. -- 北京 ：人民邮电出版社，
2010.4
（中等职业学校计算机系列教材）
ISBN 978-7-115-22408-8

Ⅰ．①计… Ⅱ．①郭… ②李… Ⅲ．①图形软件，
Photoshop CS3－专业学校－教学参考资料 Ⅳ．
①TP391.41

中国版本图书馆CIP数据核字(2010)第037456号

内 容 提 要

本书内容以实训操作为主，重点培养学生的实际动手能力。全书共分 10 章，包括 Photoshop CS3 基础知识练习，选区和【移动】工具的应用，绘画和编辑工具的应用，路径工具和矢量图工具的应用，文字和其他工具的应用，图层、通道和蒙版的概念及应用方法，图像的基本编辑和变换，图像颜色调整及滤镜应用等部分的上机操作实训。本书给出了每个实训的实训目的、实训内容、操作步骤和实训总结，使学生能够明确每个实训需要掌握的知识点和操作方法。

本书适合作为《计算机图形图像处理 Photoshop CS3 中文版》的配套实训教材，也可作为中等职业学校"计算机图形图像处理"课程的上机教材单独使用。

中等职业学校计算机系列教材

计算机图形图像处理 **Photoshop CS3** 上机指导与练习

- ◆ 主　编　郭万军　李　辉
　　副主编　刘　强
　　责任编辑　王亚娜
- ◆ 人民邮电出版社出版发行　　北京市崇文区夕照寺街 14 号
　　邮编　100061　电子函件　315@ptpress.com.cn
　　网址　http://www.ptpress.com.cn
　　中国铁道出版社印刷厂印刷
- ◆ 开本：787×1092　1/16
　　印张：9.5
　　字数：244 千字　　　　　　2010 年 4 月第 1 版
　　印数：1－3 000 册　　　　　2010 年 4 月北京第 1 次印刷

ISBN 978-7-115-22408-8

定价：16.50 元

读者服务热线：**(010)67170985**　印装质量热线：**(010)67129223**
反盗版热线：**(010)67171154**

序

中等职业教育是我国职业教育的重要组成部分，中等职业教育的培养目标定位于具有综合职业能力，在生产、服务、技术和管理第一线工作的高素质的劳动者。

中等职业教育课程改革是为了适应市场经济发展的需要，是为了适应实行一纲多本，满足不同学制、不同专业和不同办学条件的需要。

为了适应中等职业教育课程改革的发展，我们组织编写了本套教材。本套教材在编写过程中，参照了教育部职业教育与成人教育司制订的《中等职业学校计算机及应用专业教学指导方案》及职业技能鉴定中心制订的《全国计算机信息高新技术考试技能培训和鉴定标准》，仔细研究了已出版的中职教材，去粗取精，全面兼顾了中职学生就业和考级的需要。

本套教材注重中职学校的授课情况及学生的认知特点，在内容上加大了与实际应用相结合案例的编写比例，突出基础知识、基本技能，软件版本均采用最新中文版。为了满足不同学校的教学要求，本套教材采用了两种编写风格。

- "任务驱动、项目教学"的编写方式，目的是提高学生的学习兴趣，使学生在积极主动地解决问题的过程中掌握就业岗位技能。
- "传统教材+典型案例"的编写方式，力求在理论知识"够用为度"的基础上，使学生学到实用的基础知识和技能。
- "机房上课版"的编写方式，体现课程在机房上课的教学组织特点，学生在边学边练中掌握实际技能。

为了方便教学，我们免费为选用本套教材的老师提供教学辅助资源，包括内容如下。

- 电子课件。
- 按章（项目或讲）提供教材上所有的习题答案。
- 按章（项目或讲）提供所有实例制作过程中用到的素材。书中需要引用这些素材时会有相应的叙述文字，如"打开教学辅助资源中的图片'4-2.jpg'"。
- 按章（项目或讲）提供所有实例的制作结果，包括程序源代码。
- 提供两套模拟测试题及答案，供老师安排学生考试使用。

老师可登录人民邮电出版社教学服务与资源网（http://www.ptpedu.com.cn）下载相关教学辅助资源，在教材使用中有什么意见或建议，均可直接与我们联系，电子邮件地址是 wangyana@ptpress.com.cn，wangping@ptpress.com.cn。

中等职业学校计算机系列教材编委会

2009 年 7 月

前　言

本书是《计算机图形图像处理 Photoshop CS3 中文版》的配套教材，以实训操作为主，通过大量的上机操作，使学生掌握 Photoshop CS3 的基本操作方法和应用技巧。

教师一般可用 32 个课时来讲解《计算机图形图像处理 Photoshop CS3 中文版》的内容，然后配合本上机指导，再分配 40 个课时作为上机时间，则可顺利完成教学任务。总共约需要 72 个课时。

为了与《计算机图形图像处理 Photoshop CS3 中文版》一书的结构相对应，本书也是以章为基本写作单位，每章给出几个上机实训，并配以必要的操作步骤进行讲解，学生只要按照书上的步骤操作，就能够掌握每个实训包含的知识点和技巧。

每个实训由以下几个主要部分组成。

- 实训目的：罗列出本实训要掌握的主要内容，教师可用它作为简单的备课提纲。学生可通过"实训目的"对本实训要掌握的内容有一个大体的认识。
- 实训内容：给出本实训制作的最终效果，使学生对本实训要进行的操作有一个初步的了解。
- 操作步骤：给出本实训的必要操作步骤，使学生能够顺利完成上机操作。做到关键步骤时，会及时提醒学生应注意的问题。
- 实训总结：在每个上机实训完成后，给出本实训的制作总结，使学生做到目的明确、心中有数。

本书的教学素材均可从人民邮电出版社教学服务与资源网（www.ptpedu.com.cn）上免费下载。

本书适合作为中等职业学校"计算机图形图像处理"课程的上机教材，也可作为平面设计爱好者的自学参考书。

由于编者水平有限，书中难免存在疏漏之处，敬请各位老师和同学指正。

编者

2010 年 1 月

目　录

第1章　Photoshop CS3 的基本操作 ……………………………………………………… 1

　　实训 1——重新布局工作界面 ………………………………………………………… 1

　　实训 2——新建文件填充图案后保存 ………………………………………………… 4

第2章　选区和【移动】工具的应用 ……………………………………………………… 7

　　实训 1——【矩形选框】工具和【椭圆形选框】工具的应用 ……………………… 7

　　实训 2——套索工具的应用 …………………………………………………………… 11

　　实训 3——【魔棒】工具和【快速选择】工具的应用 ……………………………… 14

　　实训 4——利用【色彩范围】命令选择图像 ………………………………………… 16

　　实训 5——移动复制图案 ……………………………………………………………… 17

　　实训 6——图像的变形 ………………………………………………………………… 19

第3章　绘画和编辑工具的应用 …………………………………………………………… 25

　　实训 1——画笔工具的基本应用 ……………………………………………………… 25

　　实训 2——画笔工具笔头形状设置 …………………………………………………… 29

　　实训 3——【渐变】工具的应用 ……………………………………………………… 32

　　实训 4——修复红眼效果 ……………………………………………………………… 37

　　实训 5——修复工具的应用 …………………………………………………………… 39

第4章　路径和矢量图工具的应用 ………………………………………………………… 42

　　实训 1——路径工具的应用 …………………………………………………………… 42

　　实训 2——【路径】面板的应用 ……………………………………………………… 45

　　实训 3——矢量图工具的应用 ………………………………………………………… 48

第5章　文字和其他工具的应用 …………………………………………………………… 51

　　实训 1——文字工具的基本应用 ……………………………………………………… 51

　　实训 2——文字工具的效果应用 ……………………………………………………… 55

　　实训 3——裁剪操作 …………………………………………………………………… 62

第6章　图层的应用 ………………………………………………………………………… 65

　　实训 1——图层基本操作 ……………………………………………………………… 65

实训 2——图层混合模式的应用 69

实训 3——图像混合 71

实训 4——图层样式的应用 74

实训 5——图层的对齐与分布 76

第 7 章　通道和蒙版的应用 86

实训 1——利用通道抠选头发 86

实训 2——利用通道制作发射光线效果 89

实训 3——利用蒙版合成图像 94

第 8 章　图像编辑 99

实训 1——复制和贴入命令 99

实训 2——【变换】命令的应用 101

第 9 章　图像颜色的调整 108

实训 1——黑白照片的彩色化处理 108

实训 2——彩色照片的单色处理 112

实训 3——调制个性色调 114

实训 4——写真照片处理 118

第 10 章　滤镜的应用 123

实训 1——抽出图像 123

实训 2——利用消失点命令贴图 126

实训 3——制作游泳圈效果 130

实训 4——制作炫光效果 132

实训 5——制作礼花效果 135

实训 6——制作火焰效果 138

第1章 Photoshop CS3 的基础知识

本章主要介绍 Photoshop CS3 的基础知识，包括重新调整工作界面的布局，新建指定大小的图像文件后填充图案并进行保存等。这些知识点都是学习 Photoshop CS3 最基本、最重要的内容。

实训 1——重新布局工作界面

熟练操作界面窗口是利用 Photoshop 软件进行图像处理的关键，本实训将通过重新调整工作界面的布局来学习实际工作中的技巧。

一、 实训目的

- 掌握图像文件的打开方法。
- 掌握工作界面的重新布局调整。

二、 实训内容

打开素材文件中"图库\第 01 章"目录下名为"风景.jpg"的文件，然后调整工作界面的布局，最终效果如图 1-1 所示。

图1-1　打开的图像文件及调整的工作布局

三、 操作步骤

1. 启动 Photoshop CS3 软件。
2. 执行【文件】/【打开】命令（快捷键为 Ctrl+O 组合键），或在工作界面中双击，弹出【打开】对话框。
3. 在对话框的【查找范围】下拉列表中选择素材文件所在的盘符。
4. 在文件所在盘符的文件夹或文件列表窗口中依次双击"图库\第 01 章"文件夹，在弹出的文件窗口中，选择名为"风景.jpg"的图像文件，单击 打开(O) 按钮，即可将选择的图像文件在工作区中打开，如图 1-2 所示。

图1-2　打开的图像文件

5. 将鼠标光标移动到"风景"文件上方的蓝色标题栏上按下鼠标左键并拖曳，可调整图像文件在工作区中的位置。

6. 单击工具箱上方的 ▶▶ 按钮，可将单列工具箱调整为双列显示。

7. 将鼠标光标移动到右侧控制面板区如图 1-3 所示的位置，按下鼠标左键并向工作区中下方拖曳，可将该控制面板组调离默认的控制面板区，独立显示在工作区中，如图 1-4 所示。

图1-3　鼠标光标放置的位置

图1-4　【图层】面板组调整后的位置

8. 将鼠标光标移动到如图 1-5 所示的【字符】面板按钮上单击，可将【字符】面板展开，将鼠标光标放置到如图 1-6 所示的位置按下鼠标左键并向【图层】面板中拖曳。

9. 至如图 1-7 所示的状态时，释放鼠标左键，可将【字符】面板组与【图层】面板组组合，如图 1-8 所示。

图1-5 要单击的【字符】面板按钮

图1-6 鼠标光标放置的位置

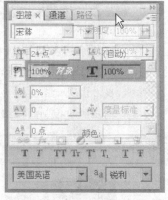
图1-7 组合控制面板时的状态

10. 单击【图层】选项卡，可将【图层】面板设置为工作状态，将鼠标光标放置到控制面板的右侧，当鼠标光标显示为双向箭头时按下鼠标左键并向右拖曳，可调整控制面板的大小，如图 1-9 所示。

图1-8 组合后的控制面板

图1-9 调整控制面板时的状态

11. 将鼠标光标移动到如图 1-10 所示的【颜色】选项卡上按下鼠标左键并向工作区中拖曳，可将单个的控制面板拖离原面板组，状态如图 1-11 所示。

图1-10 鼠标光标放置的位置

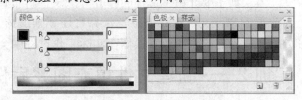
图1-11 分离出的控制面板

12. 用与步骤 11 相同的方法，将【色板】面板分离原面板组，然后分别调整【颜色】面板、【色板】面板和【样式】面板在工作区中的位置，最终效果如图 1-12 所示。

 将鼠标光标放置到任意面板上方的灰色区域按下鼠标左键并拖曳，即可调整该面板的位置。

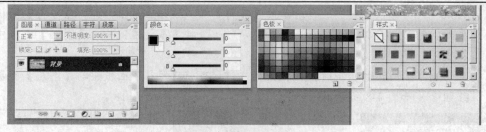

图1-12　各面板调整后的位置

13. 将鼠标光标移动到【导航器】面板右上角的　　按钮上单击，可将该面板组折叠。

14. 将鼠标光标移动到如图 1-13 所示的位置按下鼠标左键并向左侧控制面板组的下方拖曳，出现如图 1-14 所示的蓝色线形时，释放鼠标左键，可将【导航器】面板组合并到左侧的控制面板组中，且在工作界面的右边缘显示，如图 1-15 所示。

图1-13　鼠标光标放置的位置　　　　　　　图1-14　显示的蓝色线形　　　　　　图1-15　组合后的控制面板

15. 至此，打开文件操作及重新布局工作界面操作完成。

单击控制面板右上角的　按钮可将面板最小化显示；单击　按钮，可将面板关闭，如果需要再将其调出，可执行【窗口】菜单下的相应命令。

四、　实训总结

本实训主要介绍了文件的打开方法及重新布置工作界面操作。在打开某一图像文件之前，首先要确定该文件保存的位置，并且还要知道该文件的名称，这样才能顺利地将其打开。另外，工作界面的重新布置操作在实际工作过程中会经常用到，也希望读者能将其熟练掌握。

实训 2——新建文件填充图案后保存

本实训将新建一个指定大小的图像文件，然后为其填充图案并进行保存，来熟练掌握文件的新建、颜色及图案的填充和保存操作。

一、　实训目的

- 掌握新建文件操作。
- 掌握颜色及图案的填充方法。
- 掌握图像文件的保存与关闭。

二、 实训内容

新建【名称】为"图案",【宽度】为"25 厘米",【高度】为"20 厘米",【分辨率】为"72 像素/英寸",【颜色模式】为"RGB 颜色"、"8 位",【背景内容】为"白色"的文件,然后为其填充图案,再将其保存在"D 盘"的"作品"文件夹中。

三、 操作步骤

1. 执行【文件】/【新建】命令(快捷键为 Ctrl+N 组合键),弹出【新建】对话框。

2. 将鼠标光标放置在【名称】文本框中,自文字的右侧向左侧拖曳,将文字反白显示,然后任选一种文字输入法,输入"图案"文字。

3. 在【宽度】右侧的下拉列表中选择【厘米】选项,然后将【宽度】和【高度】分别设置为"25"和"20"。

4. 在【颜色模式】下拉列表中选择【RGB 颜色】选项,设置各选项及参数后的【新建】对话框如图 1-16 所示。

5. 单击 [确定] 按钮,即可按照设置的选项及参数创建一个新的文件。

6. 执行【编辑】/【填充】命令,弹出的【填充】对话框,如图 1-17 所示。

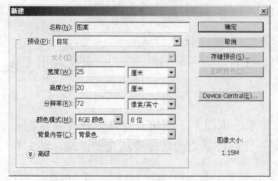

图1-16 设置各选项及参数后的【新建】对话框

图1-17 【填充】对话框

7. 在【填充】对话框的【使用】下拉列表中选择【图案】选项,然后单击下方的【自定图案】按钮，在弹出的【图案选项】面板中单击右上角的 ⊙ 按钮。

 在【使用】下拉列表中选择"前景色"、"背景色"、"颜色"、"黑色"、"50%灰色"和"白色"选项,可为文件填充相应的颜色。

8. 再在弹出的下拉菜单中选择【自然图案】命令,在再次弹出的如图 1-18 所示的【Adobe Photoshop】询问面板中单击 [确定] 按钮,用选择的图案替换当前【图案选项】面板中的图案。

图1-18 【Adobe Photoshop】询问面板

9. 在【图案选项】面板中选择如图 1-19 所示的图案,单击 [确定] 按钮,新建文件填充图案后的效果如图 1-20 所示。

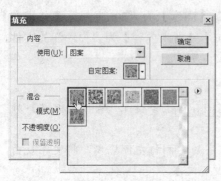

图1-19　选择的图案

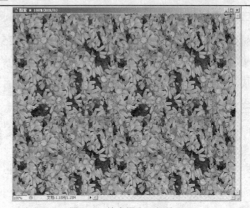

图1-20　填充图案后的效果

10. 执行【文件】/【存储】命令，弹出【存储为】对话框。

11. 在【存储为】对话框的【保存在】下拉列表中选择 本地磁盘 (D:) 保存，在弹出的新【存储为】对话框中单击【新建文件夹】按钮，创建一个新文件夹。

12. 在创建的新文件夹中输入"作品"作为文件夹名称，然后双击刚创建的"作品"文件夹将其打开，再单击 保存(S) 按钮，即可将填充图案的文件保存，且名称为"图案.psd"。

四、 实训总结

利用【填充】命令除能为图像文件填充图案外，还可填充各种颜色。另外，还可利用【油漆桶】工具和快捷键为图像文件填充颜色。

(1) 利用【油漆桶】工具填充颜色。

【油漆桶】工具用于在画面或选区内填充前景色或图案。在填充前首先应在属性栏中选择要填充的内容是前景色还是图案，并设置好要填充的前景色或选择要填充的图案，然后在要填充的画面或选区内单击即可。

(2) 利用快捷键填充颜色。

当前景色和背景色设置完成后，按 Alt+Delete 组合键可以在选区或画面中填充前景色；按 Ctrl+Delete 组合键可以在选区或画面中填充背景色。按 Alt+Shift+Delete 组合键可以在画面或选区内的不透明区域填充前景色，而透明区域仍保持透明；按 Ctrl+Shift+Delete 组合键可以在画面中的不透明区域填充背景色。

第2章 选区和【移动】工具的应用

在应用 Photoshop 软件进行图像绘制或处理时，使用最为频繁的就是选区工具和移动工具。在对图像进行局部处理时，利用选区可以有效地控制图像处理的位置。而图像的移动、移动复制或合成，都要使用【移动】工具来完成。

实训 1——【矩形选框】工具和【椭圆选框】工具的应用

本实训将通过绘制一个"南瓜头"图形，来进一步熟练掌握【矩形选框】工具、【椭圆选框】工具的使用方法及选区的运算和变换操作。

一、 实训目的

- 掌握【矩形选框】工具和【椭圆选框】工具的使用方法与应用技巧。
- 掌握颜色的设置与填充。
- 掌握选区的变换操作。
- 掌握选区的运算。

二、 实训内容

利用【矩形选框】工具、【椭圆选框】工具和选区的运用技巧，绘制出如图 2-1 所示的图形。

三、 操作步骤

1. 新建一个【宽度】为"15 厘米"，【高度】为"15 厘米"，【分辨率】为"150 像素/英寸"，【颜色模式】为"RGB 颜色"，【背景内容】为"白色"的文件。

2. 执行【视图】/【新建参考线】命令，弹出【新建参考线】对话框，设置选项及参数如图 2-2 所示，然后单击 确定 按钮，在文件中添加参考线。

3. 再次执行【视图】/【新建参考线】命令，在弹出的【新建参考线】对话框中设置选项及参数如图 2-3 所示，然后单击 确定 按钮，添加的参考线如图 2-4 所示。

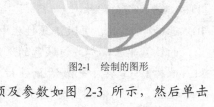

图2-1 绘制的图形

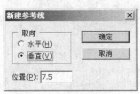

图2-2 设置的参考线位置

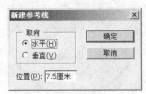

图2-3 设置的参考线位置

图2-4 添加的参考线

4. 选择 ○ 工具，按住 Shift+Alt 组合键，将鼠标光标移动到参考线的交点位置，当鼠标光标显示为+形状时按下鼠标左键并拖曳，以参考线的交点为圆心绘制出如图 2-5 所示的圆形选区。

5. 单击前景色色块，在弹出的【拾色器（前景色）】对话框中设置颜色参数如图 2-6 所示。

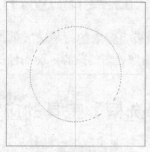

图2-5 绘制的圆形选区

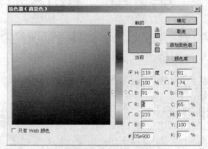

图2-6 设置的颜色

6. 单击 确定 按钮，完成前景色的设置，然后在【图层】面板中单击 按钮，新建 "图层 1"。

7. 按 Alt+Delete 组合键，将设置的前景色填充至圆形选区中，效果如图 2-7 所示。

8. 执行【选择】/【变换选区】命令，为选区添加自由变换框，然后激活属性栏中的 按钮，并在此按钮右侧的文本框中输入 "95%"，选区缩小后的效果如图 2-8 所示。

9. 单击属性栏中的 按钮，完成选区的缩小调整，然后按 Delete 键，删除选区内的图像，效果如图 2-9 所示。

图2-7 填充颜色后的效果

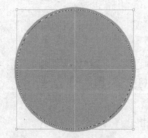

图2-8 选区缩小后的效果

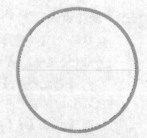

图2-9 删除选区内图像后的效果

10. 选择 工具，并激活属性栏中的 按钮，然后将鼠标光标移动到如图 2-10 所示的位置单击，加载该颜色的选区，效果如图 2-11 所示。

11. 选择 工具，并激活属性栏中的 按钮，然后绘制出如图 2-12 所示的矩形选区。

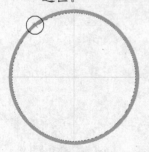

图2-10 鼠标光标放置的位置

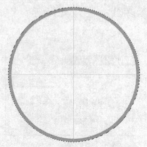

图2-11 选区相加后的效果

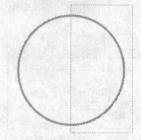

图2-12 绘制的矩形选区

12. 释放鼠标左键，选区相减后的形态如图 2-13 所示。

13. 将前景色设置为黄色（R:255,G:255,B:0），然后按 Alt+Delete 组合键为选区填充黄色，效果如图 2-14 所示。

请注意 在本书的颜色应用中，使用的是 RGB 颜色值，如果后面的内容中设置的颜色值有为 "0" 的，将不再给出此颜色值为 "0" 的参数，如（R:255,G:255,B:0）将省略为（R:255,G:255）。

14. 用与步骤 4～9 相同的方法，在新建的 "图层 2" 中绘制出如图 2-15 所示的图形。

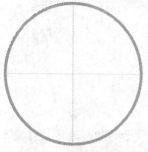
图2-13 选区运算后的形态

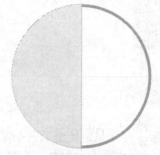
图2-14 填充黄色后的效果

图2-15 绘制的图形

15. 利用 ◯ 工具绘制出如图 2-16 所示的椭圆形选区，然后选择 ▥ 工具，并激活属性栏中的 ▣ 按钮，再绘制出如图 2-17 所示的矩形选区对椭圆形选区进行裁剪。

16. 新建 "图层 3"，然后为裁剪后的选区填充绿色（G:233），效果如图 2-18 所示。

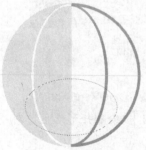
图2-16 绘制的椭圆形

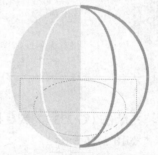
图2-17 裁剪椭圆形选区时的状态

图2-18 填充颜色后的效果

17. 再次利用 ▥ 工具根据添加的参考线对选区进行裁剪，裁剪后的效果如图 2-19 所示。

18. 为选区填充白色，然后利用 ◯ 工具绘制出如图 2-20 所示的圆形选区。

19. 新建 "图层 4"，为选区填充白色，然后确认在属性栏中激活 ▣ 按钮，将鼠标光标移动到选区内，当鼠标光标显示为 ▸▹ 图标时按下鼠标左键并向右拖曳，将选区移动到如图 2-21 所示的位置。

图2-19 裁剪后的选区

图2-20 绘制的圆形选区

图2-21 选区移动后的位置

20. 为选区填充绿色，然后选择 ▥ 工具，并激活属性栏中的 ▣ 按钮。

21. 按住 Shift + Alt 组合键，将鼠标光标移动到参考线的交点位置，当鼠标光标显示为 ＋ 图标时按下鼠标左键并拖曳，以参考线的交点为中心绘制出如图 2-22 所示的正方形选区。

22. 执行【选择】/【变换选区】命令，为选区添加自由变换框，然后将属性栏中的 ⊿ 45 度的参数设置为 "45"，单击 ✔ 按钮，选区旋转后的形态如图 2-23 所示。

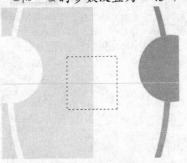

图2-22 绘制的正方形选区

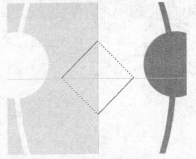

图2-23 选区旋转后的形态

23. 确认 ⌷ 工具处于激活状态，按住 Alt 键绘制出如图 2-24 所示的矩形选区，对旋转后的选区进行裁剪，然后将选区向下调整至如图 2-25 所示的位置。

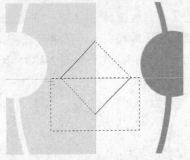

图2-24 裁剪选区时的状态

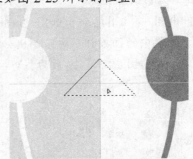

图2-25 向下移动选区时的状态

24. 新建 "图层 5"，为选区填充绿色（G:233），然后按住 Alt 键绘制矩形选区，对三角形选区进行裁剪，状态如图 2-26 所示。

25. 为选区内的图像填充白色，然后按 Ctrl+D 组合键将选区去除，绘制图形的整体效果如图 2-27 所示。

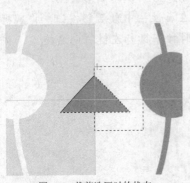

图2-26 裁剪选区时的状态

图2-27 绘制出的图形

26. 按 Ctrl+S 组合键，将此文件命名为 "实训 01.psd" 保存。

四、 实训总结

在实际操作过程中，在用选框工具绘制选区时，如果按住 Shift 键绘制选区，绘制出的选区就是正方形或者圆形；如果不按住 Shift 键，绘制出的就是矩形或椭圆形。另外，要注意【变换】命令的灵活运用。在已有选区的情况下，按住 Shift 键再次绘制选区，新建的选区将与先绘制的选区合并为一个选区；如按住 Alt 键再次绘制选区，新建的选区与先绘制的选区有相交部分，则从先绘制的选区中减去相交部分，并将剩余的选区作为新选区；如按住 Shift+Alt 组合键再次绘制选区，新建的选区与先绘制的选区有相交部分，将把相交部分作为一个新选区。

实训 2——套索工具的应用

套索工具组中包括【套索】工具 、【多边形套索】工具 和【磁性套索】工具 。利用【套索】工具可以按照鼠标拖曳的轨迹绘制选区；利用【多边形套索】工具可以通过鼠标连续单击的轨迹自动生成选区；利用【磁性套索】工具可以在图像中根据颜色的差别自动勾画出选区。本实训将利用【磁性套索】工具来选择图像，然后进行画面组合。通过此实例的制作可以进一步熟练掌握【磁性套索】工具的使用方法及应用技巧。

一、实训目的

- 掌握【磁性套索】工具的使用方法与应用技巧。
- 掌握图像的移动复制方法。

二、实训内容

利用【磁性套索】工具将人物从背景中选择后，合成如图 2-28 所示的画面效果。

图2-28　合成后的画面效果

三、操作步骤

1. 选择【文件】/【打开】命令，打开素材文件中名为"人物.jpg"和"背景.psd"的文件，如图 2-29 所示。

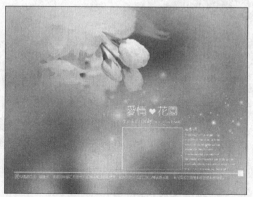

图2-29　打开的图片文件

2. 将"人物.jpg"文件设置为工作状态，然后双击 工具，将文件以 100%的大小显示，然后利用 工具将人物的头部位置显示在图像窗口中。

3. 选择 工具，设置属性栏中的选项及参数如图 2-30 所示。

图2-30　属性栏设置

4. 将鼠标光标放置在画面中如图 2-31 所示的位置。

5. 单击鼠标左键，确定选区的起点，然后沿人物轮廓的边缘移动鼠标光标，在背景与人物的交界处将出现如图 2-32 所示的锁定线形。

图2-31　鼠标光标放置的位置

图2-32　显示的锁定线形

6. 沿人物的边缘继续移动鼠标光标，添加锁定线形，当鼠标光标移动到图像窗口的下方时，按住空格键，可将工具暂时切换为【抓手】工具，向上拖曳鼠标光标，可调整图像窗口中的显示区域。

7. 继续沿人物的边缘移动鼠标光标，当系统不能自动吸附需要的位置时，可利用单击来确定。

8. 依次调整画面的显示位置并添加吸附线形，当鼠标光标移至起点位置时，在鼠标光标的右下角将出现一个小圆圈，如图 2-33 所示。

9. 此时单击可闭合线形，且生成选区，绘制的选区形态如图 2-34 所示。

图2-33　显示的小圆圈

图2-34　生成的选区

通过上图可以看出，人物的轮廓边缘确定了，但在画面的左上角位置还有多余的选区存在，下面继续利用 工具来对选区进行编辑。

10. 激活属性栏中的 按钮，将鼠标光标移动到如图 2-35 所示的位置，按下鼠标左键并沿人物的边缘拖曳至起点位置，如图 2-36 所示。

图2-35 鼠标光标旋转的位置

图2-36 拖曳创建的吸附线形

11. 单击生成选区，如图 2-37 所示，然后用相同的方法，对人物左侧手臂处多余的选区进行减选，最终选区形态如图 2-38 所示。

图2-37 创建的选区

图2-38 确定的选区形态

12. 选择 工具，将鼠标光标放置到选区内按下鼠标左键并向"背景.psd"文件中拖曳，将选择的人物移动复制到"背景"文件中，并调整至如图 2-39 所示的位置。

13. 执行【图层】/【排列】/【向后一层】命令，将人物生成的"图层 3"调整至"图层 2"的下方，【图层】面板形态如图 2-40 所示。

图2-39 人物图像放置的位置

图2-40 【图层】面板

14. 至此，图像合成完毕。执行【文件】/【存储为】命令，将文件命名为"实训02.psd"另存。

四、 实训总结

在利用 工具选择图像时，一定要注意属性栏的设置。当移动鼠标自动添加的线形不能准确地锁定图形时，可以将【频率】值设置得大一些，这样可以使绘制的线形更快地锁定。

实训 3——【魔棒】工具和【快速选择】工具的应用

【快速选择】工具 ✎ 和【魔棒】工具 ✎ 是用于快速在图像中建立选区的工具,尤其是对于图像轮廓较为分明的画面,利用这两个工具来选择需要的图像是最简捷和快速的。本实训将通过合成一幅艺术照片来熟练掌握这两个工具的使用方法。

一、 实训目的

- 掌握【魔棒】工具的使用方法与应用技巧。
- 掌握【快速选择】工具的使用方法与应用技巧。

二、 实训内容

利用【魔棒】工具选择人物图像并移动复制到另一图像文件中,然后利用【快速选择】工具对其进行编辑,以制作出艺术照片效果,图片素材及合成后的效果如图 2-41 所示。

图2-41　图片素材及合成后的效果

三、 操作步骤

1. 按 Ctrl+O 组合键,打开素材文件中名为"宝宝照.jpg"和"儿童模板.jpg"的文件。
2. 将"宝宝照.jpg"文件设置为工作状态,然后选择 ✎ 工具,并将属性栏中的【容差】参数设置为"10 px"。
3. 将鼠标光标移动到如图 2-42 所示的位置单击,创建选区,生成的选区形态如图 2-43 所示。

图2-42　鼠标光标放置的位置　　　　　　　　　　图2-43　创建的选区

4. 在属性栏中激活 ▣ 按钮,然后再在未选中的粉红色背景上单击,将未选择的部分添加到选区中,如图 2-44 所示。

5. 执行【选择】/【反向】命令将选区反选，然后利用 工具，将选区中的"宝宝"图片移动复制到"儿童模板.jpg"文件中，如图2-45所示。

图2-44　加选后的选区形态

图2-45　复制到当前画面中的图片

6. 选择 工具，在图片的右侧按下鼠标左键拖曳，创建出如图 2-46 所示的选区。

7. 激活属性栏中的 按钮，在右侧不应该被选择的部位按下鼠标左键拖曳，将其从选区中去除，如图 2-47 所示。

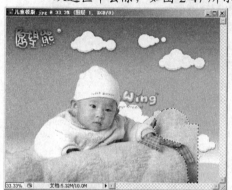

图2-46　创建的选区

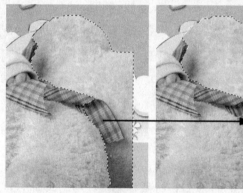

图2-47　去除多余的选区

8. 按 Delete 键，将选区内的图像删除，然后按 Ctrl+D 组合键去除选区。

9. 执行【编辑】/【自由变换】命令，为图像添加自由变换框，然后将鼠标光标移动到变换框右上角的控制点上，当鼠标光标显示为双向箭头时按下鼠标左键并向左下方拖曳，将图像等比例缩小，如图 2-48 所示，然后按 Enter 键确认图片缩小操作。

10. 按 Shift+Ctrl+S 组合键，将组合后的图像命名为"实训03.psd"另存。

四、 实训总结

在利用【魔棒】工具选择其他图像时，要灵活运用属性栏中的【容差】选项，若读者不能很好地利用【魔棒】工具选择需要的图像，

图2-48　等比例缩小图像

此时可以在画面中多单击几次，以最大量地将背景选择；当选择不够精确时，还可以利用其他选区工具并结合属性栏中的选区相加或相减功能来完成画面的选择操作。

实训 4——利用【色彩范围】命令选择图像

【色彩范围】命令是一个可以根据容差值与选择的颜色样本来创建选区的命令，本实训将以调整衣服的颜色为例来熟练掌握该命令的使用方法。

一、 实训目的

- 掌握【色彩范围】命令的使用方法。
- 掌握调整图像颜色的方法。

二、 实训内容

利用【色彩范围】命令选择需要修改颜色的衣服图像，然后利用【色相/饱和度】命令对选择的图像进行颜色修改。图片素材及修改颜色后的效果如图 2-49 所示。

图2-49 图片素材及修改颜色后的效果

三、 操作步骤

1. 按 Ctrl+O 组合键，打开素材文件中名为 "衣服.jpg" 图片。
2. 执行【选择】/【色彩范围】命令，弹出【色彩范围】对话框，确认在对话框中激活 ✎ 按钮，将鼠标光标移动到画面中如图 2-50 所示的位置单击，吸取要选择的颜色信息。
3. 在对话框中设置【颜色容差】的参数如图 2-51 所示。

图2-50 鼠标光标放置的位置

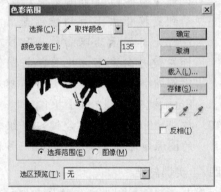

图2-51 设置的颜色容差值

 激活 ✎ 按钮，在图像窗口中单击，可以选择一种颜色样本，即指定要选择的颜色范围；激活 ✎ 按钮，在图像窗口中单击，可以增加选择的范围；激活 ✎ 按钮，在图像窗口中单击，可以减少选择的范围。设置【颜色容差】的参数，可设置选择范围的大小。

4. 单击 确定 按钮，生成的选区形态如图 2-52 所示。

5. 执行【图像】/【调整】/【色相/饱和度】命令，弹出【色相/饱和度】对话框，颜色参数设置如图 2-53 所示。

图2-52 创建的选区

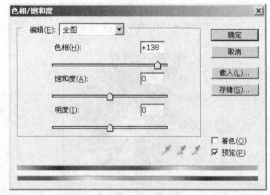

图2-53 设置的颜色参数

 在【色相/饱和度】对话框中分别设置不同的数值，可将选区内的图像调整为不同的颜色。用相同的方法，可将另一衣服的颜色也进行调整，读者可自行练习。

6. 单击 确定 按钮，即可修改选区内图像的颜色，然后按 Ctrl+D 组合键，将选区去除。

7. 按 Shift+Ctrl+S 组合键，将文件命名为"实训 04.jpg"另存。

四、 实训总结

【色彩范围】命令与【魔棒】工具相似，也可以根据容差值与选择的颜色样本来创建选区。使用【色彩范围】命令创建选区的优势在于，它可以根据图像中色彩的变化情况设定选择程度的变化，从而使选择操作更加灵活准确。

实训 5——移动复制图案

本实训通过把一个单独的花图案进行图案组合，来进一步熟练掌握【移动】工具在图像的移动和复制中的使用方法。

一、 实训目的

- 掌握【移动】工具的使用方法。
- 掌握图像大小的调整方法。
- 掌握移动复制图像的方法。

二、 实训内容

利用【移动】工具、【编辑】/【变换】/【缩放】命令、【全选】命令和复制操作完成如图 2-54 所示的花图案。

三、 操作步骤

1. 新建一个【宽度】为"20 厘米"，【高度】为"20 厘米"，【分辨率】为"150 像素/英寸"，【模式】为"RGB 颜色"，【背景内容】为"白色"的文件。

图2-54 复制完成的花图案

2. 按 Ctrl+O 组合键，打开素材文件中名为"花.psd"的文件，如图 2-55 所示。

3. 选择 ⊕ 工具，将鼠标光标放置在打开的花图片中，按下鼠标左键并向新建的文件中拖曳，状态如图 2-56 所示。

图2-55 打开的图片　　　　　　　　　　　　　图2-56 移动复制图案时的状态

4. 释放鼠标左键后，即可将花纹图案移动复制到新建的文件中，且在【图层】面板中生成"图层 1"，如图 2-57 所示。

5. 执行【编辑】/【变换】/【缩放】命令，为"花"图像添加自由变换框，然后激活属性栏中的 ⑧ 按钮，锁定图像的长宽比，再在属性栏中将【W】的参数设置为"50%"，将图像缩小。

将鼠标光标放置到变换框各边中间的调节点上，待鼠标光标显示为↔或↕形状时，按下鼠标左键向左右或上下拖曳，可以水平或垂直缩放图像。将鼠标光标放置到变换框 4 个角的调节点上，待鼠标光标显示为↖或↗形状时，按下鼠标左键拖曳，可以任意缩放图像。此时，按住 Shift 键可以等比例缩放图像；按住 Alt+Shift 组合键可以以变换框的调节中心为基准等比例缩放图像。

6. 将鼠标光标移动到变换框内按下鼠标左键并向左上方拖曳，将缩小后的图像调整至如图 2-58 所示的位置。

图2-57 移动复制到新文件中的图案及【图层】面板　　　　图2-58 图案调整后的大小及位置

7. 单击属性栏中的 ✓ 按钮，确认花图案的大小及位置变换。

8. 执行【选择】/【全选】命令，为画面添加选区。

9. 确认 ⊕ 工具处于选择状态，按住 Shift+Alt 组合键，将鼠标光标放置在花纹上，同时按住鼠标左键并向右拖曳，移动复制花图案，状态如图 2-59 所示。

10. 当复制出的花纹左边缘与原花纹的右边缘相对齐时，释放鼠标左键，即可将花图案复制。

11. 用与步骤 9～10 相同的方法，继续复制花图案，效果如图 2-60 所示。

图2-59　复制花纹时的状态

图2-60　复制出的花图案

12. 按 Ctrl+A 组合键，再次为整个画面添加选区，状态如图 2-61 所示。
13. 按住 Shift+Alt 组合键，将鼠标光标放置在花图案上，同时按住鼠标左键并向下拖曳，移动复制花图案，效果如图 2-62 所示。

图2-61　添加的选区

图2-62　复制出的花图案

14. 用同样的方法，依次向下复制花图案，即可完成花图案的复制操作。
15. 按 Ctrl+S 组合键，将制作出的图案命名为 "实训 05.psd" 保存。

四、　实训总结

　　在对花图案进行移动复制时，添加选区的目的是为了避免复制时生成副本层；按住 Shift 键是为了使鼠标光标按照水平或垂直方向移动。当在工具箱中没有选择【移动】工具，而想对图形进行移动复制时，可以同时按下 Ctrl+Alt 组合键来进行操作。

实训 6——图像的变形

　　本实训将通过对书籍立体效果图的调整制作，来进一步熟练掌握【变换】命令的使用方法及各种变换操作。

一、　实训目的

- 掌握【变换】命令的使用方法与技巧。
- 掌握键盘与调整操作的结合使用。
- 掌握立体图形的制作方法。

19

二、 实训内容

利用图形的【变换】命令，调整完成如图 2-63 所示的书籍立体效果。

图2-63 调整完成的书籍立体效果图

三、 操作步骤

1. 新建一个【宽度】为"30 厘米"，【高度】为"20 厘米"，【分辨率】为"120 像素/英寸"，【模式】为"RGB 颜色"，【背景内容】为"白色"的文件。

2. 打开素材文件中名为"书籍封面.jpg"的文件，如图 2-64 所示。

图2-64 打开的图片

3. 选择 工具，在"书籍封面.jpg"文件中根据添加的参考线绘制矩形选区，选择书籍的正面，如图 2-65 所示。

4. 利用 工具将选择的书籍正面移动复制到新建的文件中，然后执行【编辑】/【变换】/【扭曲】命令，为图像添加变换框，再将鼠标光标移动到如图 2-66 所示的位置，按下鼠标左键并向左下方拖曳，将图像调整至如图 2-67 所示的形态。

图2-65　绘制的选区

图2-66　鼠标光标放置的位置

图2-67　扭曲变形时的状态

5. 至合适位置后释放鼠标左键，然后将鼠标光标移动到右上角的控制点上按下鼠标左键并向上方拖曳，状态如图 2-68 所示。

6. 依次对下方的两个控制点进行调整，调整后的图像形态如图 2-69 所示。

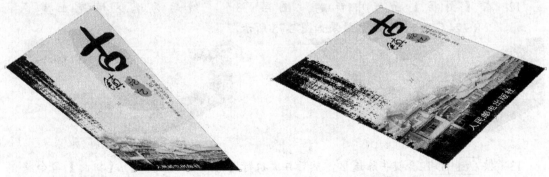

图2-68　调整右上角控制点时的状态　　　　　　　图2-69　图像调整后的形态

7. 单击属性栏中的 ✓ 按钮，完成图像的扭曲变形。

8. 将"书籍封面.jpg"文件设置为工作状态，然后利用 ▯ 工具绘制出如图 2-70 所示的选区，选择书脊，再利用 ✛ 工具将选择的书脊移动复制到新建的文件中，如图 2-71 所示。

图2-70　绘制的选区

图2-71　移动复制的书脊图像

9. 执行【编辑】/【变换】/【扭曲】命令，将书脊图像调整至如图 2-72 所示的形态。

10. 执行【图像】/【调整】/【亮度/对比度】命令，弹出【亮度/对比度】对话框，参数设置如图 2-73 所示。

图2-72　书脊图像调整后的形态

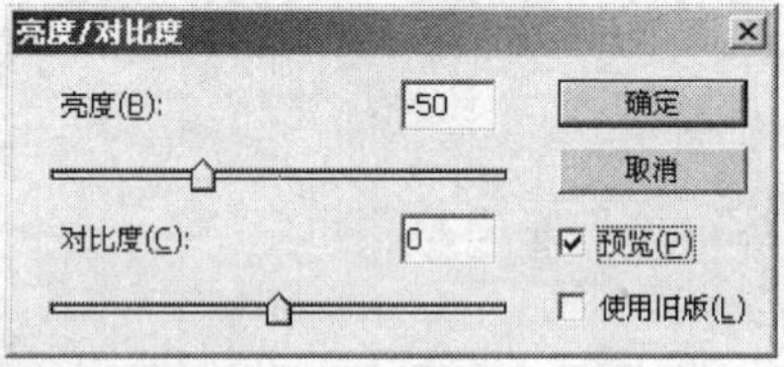

图2-73　【亮度/对比度】对话框

11. 单击 ［确定］ 按钮，将书脊图像的颜色调暗，然后利用 工具绘制出如图 2-74 所示的矩形选区。

12. 在【图层】面板中新建"图层 3"，然后为选区填充土黄色（R:224,G:224,B:178），效果如图 2-75 所示。

图2-74　绘制的矩形选区

图2-75　填充颜色后的效果

13. 按 Ctrl+D 组合键去除选区，然后再次执行【编辑】/【变换】/【扭曲】命令将颜色块调整至如图 2-76 所示的形态。

14. 执行【图层】/【排列】/【置为底层】命令，将新建的"图层 3"调整至"图层 1"的下方，然后激活左上角的 按钮，锁定该图层的透明像素。

15. 将前景色设置为灰色（R:196,G:190,B:174），然后选择 工具，并将属性栏中的 粗细: 1 px 设置为"1 px"，激活属性栏中的 按钮后，依次在土黄色块上绘制出如图 2-77 所示的灰色线形。

图2-76 扭曲变形后的形态

图2-77 绘制的线形

16. 按住 Ctrl 键，在【图层】面板中单击 按钮，在"图层 3"的下方新建"图层 4"，如图 2-78 所示。然后利用 工具绘制出如图 2-79 所示的选区。

图2-78 新建的图层

图2-79 绘制的选区

17. 为选区填充灰色（R:137,G:137,B:137），去除选区后的效果如图 2-80 所示。

至此，书籍的立体效果就基本制作完成了，最后来制作正面与书脊图像的交界线效果。

18. 新建"图层 5"，然后执行【图层】/【排列】/【置为顶层】命令，将新建的图层调整至所有图层的上方。

19. 将前景色设置为浅黄色（R:252,G:230,B:166），然后选择 工具，并将属性栏中的【粗细】参数设置为"2 px"，激活属性栏中的 按钮后，绘制出如图 2-81 所示的线形。

图2-80 制作出的封底效果

图2-81 绘制的线形

20. 执行【滤镜】/【模糊】/【高斯模糊】命令，弹出【高斯模糊】对话框，将【半径】参数设置为"2"像素，然后单击 ▢确定▢ 按钮，将线形模糊处理。

21. 在【图层】面板中，将"图层 5"的【不透明度】参数设置为"50%"，即可完成书籍立体效果的制作，效果如图 2-82 所示。

图2-82　制作的边效果

最后利用▢工具来制作渐变背景。

22. 将前景色设置为黑色，背景色设置为白色，然后在【图层】面板中单击"背景"层将其设置为工作层。

23. 选择▢工具，将鼠标光标移动到画面的上方位置按下鼠标左键并向下拖曳，状态如图 2-83 所示。释放鼠标左键后，即可为背景添加如图 2-84 所示的渐变色。

图2-83　拖曳鼠标光标时的状态

图2-84　添加渐变背景后的效果

24. 按 ▢Ctrl▢+▢S▢组合键，将制作完成的书籍装帧立体效果重新命名为"实训 06.psd"保存。

四、实训总结

在 Photoshop CS3 的【编辑】/【变换】菜单中，主要包括图像的【缩放】、【旋转】、【斜切】、【扭曲】、【透视】、【旋转 180 度】、【旋转 90 度（顺时针）】、【旋转 90 度（逆时针）】、【水平翻转】、【垂直翻转】等命令。读者可以根据不同的需要选择不同的命令，对图像或图形进行变换调整。另外，在利用【自由变换】命令变换图像时，一定要注意与键盘按键的结合使用。

第3章 绘画和编辑工具的应用

绘画工具是利用 Photoshop 软件绘制图形的最主要的工具，其中包括画笔工具、铅笔工具、渐变工具和油漆桶工具。编辑工具是处理图像的主要工具，包括历史记录画笔工具、修复工具、图章工具、橡皮擦工具和模糊、减淡工具等。熟练掌握这些工具的使用方法，有助于快速地完成各种样式的绘画作品和图像处理操作。

实训 1——画笔工具的基本应用

本实训将通过绘制一幅漂亮的"桂林山水"风景画，来介绍【画笔】工具以及【笔头设置】面板与【画笔】面板的使用方法。

一、 实训目的

- 掌握【画笔】工具笔头的大小调整和使用方法。
- 掌握【画笔】面板的使用方法。
- 了解【橡皮擦】工具的使用方法。
- 了解【模糊】工具的使用方法。

二、 实训内容

通过设置【画笔】工具的颜色、笔头大小以及不同的形状，绘制出如图 3-1 所示的"桂林山水"风景画效果。

图3-1　绘制的风景画效果

三、 操作步骤

1. 新建一个【宽度】为"18 厘米"，【高度】为"8 厘米"，【分辨率】为"130 像素/英寸"，【模式】为"RGB 模式"，【背景内容】为"白色"的文件。
2. 在【图层】面板中新建"图层 1"，将前景色设置为蓝色（R:143,G:180,B:213）。
3. 选择 ✎ 工具，并单击属性栏中【画笔】右侧的 ⋮ 按钮，弹出画笔设置面板，参数设置如图 3-2 所示。
4. 设置合适的笔头后，在属性栏中设置【不透明度】参数为"20%"，然后在画面的顶部位置喷绘一些颜色作为蓝天效果，如图 3-3 所示。

为了使蓝天出现层次感，在喷绘右上角的颜色时，可先将属性栏中的【不透明度】参数设置为"100%"。

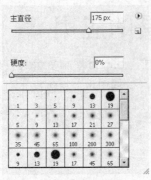

图3-2　设置的画笔参数

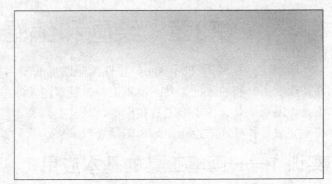

图3-3　喷绘出的蓝天效果

5. 在【图层】面板中新建"图层 2"，然后单击属性栏中的 ˇ 按钮，在弹出的笔头设置面板中设置【主直径】参数为"13 px"，【硬度】参数为"100%"。

6. 将属性栏中的【不透明度】参数设置为"100%"，利用设置的笔头在画面中绘制出远山的轮廓，如图 3-4 所示。

7. 继续绘制远山，要注意设置不同大小的笔头，绘制完成的远山效果如图 3-5 所示。

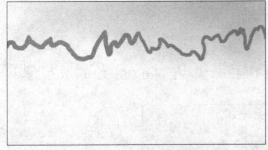

图3-4　绘制出的远山轮廓

图3-5　绘制出的远山效果

8. 选择 ⬚ 工具，在属性栏中设置【不透明度】参数为"20%"，通过笔头大小的随时调整，对远山进行擦除，使其出现上实下虚的淡化效果，如图 3-6 所示。

9. 在【图层】面板中新建"图层 3"，设置前景色为蓝灰色（R:4,G:40,B:53）。

10. 选择 ⬚ 工具，并设置笔头设置面板中的参数如图 3-7 所示。

图3-6　擦除淡化后的远山效果

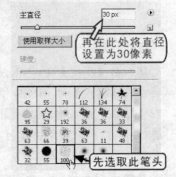

图3-7　笔头设置面板

11. 在属性栏中设置【不透明度】参数为"100%"，然后在画面中按住鼠标左键拖曳绘制出如图 3-8 所示的山形。

12. 在属性栏中设置【不透明度】参数为"80%"，然后接着上面绘制的山形继续绘制，如图 3-9 所示。

图3-8　绘制出的山形

图3-9　继续绘制的山形

13. 新建"图层 4"，绘制出如图 3-10 所示的近处山形，在绘制山形时要注意【笔头大小】、【硬度】与【不透明度】参数的及时调整。

此时，山形基本绘制完成，为了突出山形的远近层次，接下来进行相应的颜色处理。

14. 在【图层】面板中将"图层 3"设置为工作层，然后将图层的【不透明度】参数设置为"80%"，调整不透明度后的山形效果如图 3-11 所示。

图3-10　绘制出的近处山形

图3-11　调整不透明度后的效果

15. 将前景色设置为墨绿色（G:110,B:52），然后选择 🖌工具。

16. 在画笔设置面板中选择一个圆形的虚化笔头，并将【主直径】设置为"100 px"，【硬度】设置为"0%"，然后将属性栏中的【模式】设置为"叠加"，【不透明度】设置为"100%"。

17. 在【图层】面板中单击左上角的 按钮，锁定当前图层的透明像素，然后在中间的山形上喷绘颜色，改变颜色后的效果如图 3-12 所示。

18. 将"图层 4"设置为工作层，单击 按钮进行图层透明像素的锁定，再利用设置的画笔在近处的山形上喷绘，润饰上一些墨绿色，效果如图 3-13 所示。

图3-12　改变颜色后的山形

图3-13　更改颜色后的近处山形

此时，山形绘制完成。接下来绘制画面中的湖水以及倒影效果。

19. 在【图层】面板中单击背景层，将其设置为工作层，单击【图层】面板底部的 按钮，新建"图层 5"。

20. 将前景色设置为蓝色（R:85,G:195,B:240），然后选择  工具，设置合适的笔头和【不透明度】参数后，在画面的底部位置绘制颜色，作为河水效果，如图 3-14 所示。

21. 在【图层】面板中将"图层 3"设置为工作层，然后在"图层 3"上按住鼠标左键向下拖曳到面板底部的 □ 按钮上，释放鼠标左键后"图层 3"即复制生成"图层 3 副本"层，其图层的复制过程如图 3-15 所示。

图3-14　喷绘出作为河水的颜色

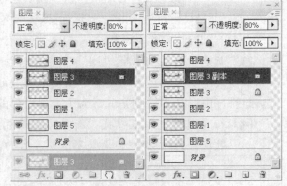

图3-15　图层的复制过程

22. 执行【编辑】/【变换】/【垂直翻转】命令，将复制出的山形在垂直方向上翻转，如图 3-16 所示。

23. 在【图层】面板中，将"图层 3 副本"层的【不透明度】设置为"30%"。

24. 选择 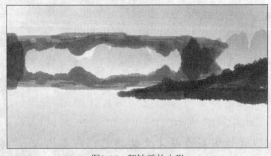 工具，按住 Shift 键，将翻转后的山形垂直向下移动，使其与原来的山形底部相对齐后作为水中的倒影，效果如图 3-17 所示。

图3-16　翻转后的山形

图3-17　完成的山形倒影

25. 用同样的方法，将"图层 4"复制生成"图层 4 副本"层，并执行【编辑】/【变换】/【垂直翻转】命令，将山形垂直翻转，再向下移动位置，将图层的【不透明度】设置为"70%"，作为近处山形的倒影，效果如图 3-18 所示。

此时，山形的倒影基本绘制完成，不过真实的倒影是不会那么清晰的，应该比实际山形模糊一些，接下来对倒影进行模糊处理。

26. 在【图层】面板中，分别将"图层 3 副本"层和"图层 4 副本"层设置为工作层，然后单击 □ 按钮，取消图层透明像素的锁定。

27. 选择  工具，在属性栏中设置【模式】为"正常"，【强度】为"50%"，分别选择"图层 3 副本"层和"图层 4 副本"层后在倒影上涂抹，进行模糊处理，效果如图 3-19 所示。

图3-18　完成的近处山形倒影

图3-19　模糊后的山形倒影

28. 将前景色设置为黄色（R:255,G:241），在【图层】面板中新建"图层 6"，并执行【图层】/【排列】/【置为顶层】命令，将其调整至所有图层的上方。

29. 选择 ✐ 工具，在画笔设置面板中设置大小为"100 px"的虚化笔头，然后在画面的左上角处单击鼠标左键，喷绘出圆形笔头形状的颜色作为太阳，如图 3-20 所示。

30. 将前景色设置为橘红色（R:243,G:152），设置笔头大小为"80 px"的虚化笔头，然后在喷绘的黄颜色上单击，绘制出太阳效果，如图 3-21 所示。

图3-20　喷绘颜色绘制太阳

图3-21　绘制出的太阳

31. 按 Ctrl+S 组合键，将绘制完成的画面命名为"实训 01.psd"保存。

四、　实训总结

在本实训的风景画绘制中能否绘制出笔墨淋漓的画面效果，画笔笔头的设置是最关键的。对图层的设置和理解以及【橡皮擦】工具和【模糊】工具的使用也是绘制该作品的关键，因此，通过本作品的绘制，希望读者能够将用到的工具和命令掌握，以便在以后的图形绘制中熟练应用。

实训 2——画笔工具笔头形状设置

本实训将通过为画面添加星光效果，来进一步熟练画笔笔头形状的调整方法。

一、　实训目的

掌握画笔笔头形状的调整方法。

二、　实训内容

利用画笔工具设置不同的笔头大小和笔头形状后，在打开的图片中绘制出如图 3-22 所示的星光效果。

三、　操作步骤

1. 按 Ctrl+O 组合键，打开素材文件中名为"背景.jpg"的文件，如图 3-23 所示。

图3-22 绘制出的星光效果　　　　　　　　　　　　图3-23 打开的图片

2. 在【图层】面板中新建"图层 1"，然后将前景色设置为白色。

3. 选择 ✐ 工具，并在属性栏中单击 ▦ 按钮，弹出【画笔】面板，将【角度】参数设置为"0度"，【圆度】参数设置为"10%"，其他参数设置如图 3-24 所示。

4. 利用设置的画笔笔头在画面中依次单击，喷绘出如图 3-25 所示的白色线条。

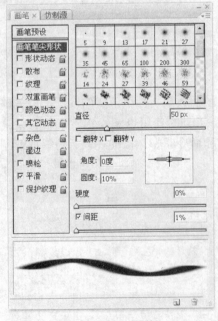

图3-24 【画笔】面板　　　　　　　　　　图3-25 在画面中喷绘出的白色线条

5. 按键盘中的 F5 键，在弹出的【画笔】面板中将【角度】的参数修改为"90度"，如图 3-26 所示，然后在制作的白色线条上单击，喷绘白色制作出星光效果，如图 3-27 所示。

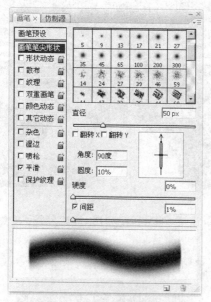

图3-26　角度参数设置

图3-27　绘制出的星光效果

6. 用同样的方法，设置不同大小的画笔笔头后，在画面中喷绘，制作出如图 3-28 所示的星光效果。

7. 按 [F5] 键，在弹出的【画笔】面板中将【角度】参数设置为 "45 度"，其他参数设置如图 3-29 所示。

图3-28　喷绘制作出的星光效果

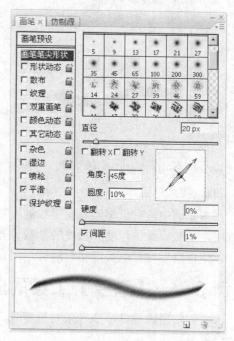

图3-29　【画笔】面板

8. 利用设置的笔头在画面中的大星光图形上喷绘，制作出如图 3-30 所示的右斜向白色线条效果。

9. 在【画笔】面板中将【角度】设置为 "-45 度"，然后在画面中喷绘左斜向白色线条效果，绘制完成的星光效果如图 3-31 所示。

图3-30 喷绘出的斜向白色线条

图3-31 制作完成的星光效果

10. 再次按 F5 键,在弹出的【画笔】面板中重新设置各项参数如图 3-32 所示,然后在画面中单击,喷绘圆形。

11. 依次调整不同大小的画笔直径,并在画面中喷绘圆形,最终效果如图 3-33 所示。

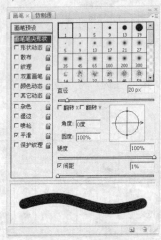

图3-32 【画笔】面板

图3-33 喷绘出的圆形

12. 按 Shift+Ctrl+S 组合键,将添加星光后的图像命名为 "实训 02.psd" 另存。

四、 实训总结

在本实训中,对于画笔笔头形状的设置直接关系到能否制作出星光效果。在对画笔的形状调整中,笔头大小、角度和圆度的参数设置起决定性的作用,要理解这 3 个重要参数的具体作用,以便在以后设置笔头形状时能够运用自如。

实训 3——【渐变】工具的应用

本实训将通过设计一个音乐海报背景,进一步熟练掌握【渐变】工具的使用方法与渐变颜色的调整方法。

一、 实训目的

- 掌握【渐变】工具的使用方法和渐变色的不同类型。
- 掌握渐变颜色的调整方法。
- 掌握图形的旋转复制操作。

二、 实训内容

利用【渐变】工具及旋转复制操作，制作出如图 3-34 所示的背景效果。

图3-34　制作完成的画面整体效果

三、 操作步骤

1. 新建一个【宽度】为"20 厘米"，【高度】为"15 厘米"，【分辨率】为"150 像素/英寸"，【模式】为"RGB 颜色"，【背景内容】为"白色"的文件。

2. 选择 ▣ 工具，并在属性栏中的 ▣ 按钮上单击，弹出【渐变编辑器】窗口，在渐变色带下的中间位置单击，添加一个色标，将【位置】设置为"45"，用相同的方法在【位置】"80"处添加一个色标。

3. 单击最左侧的色标，将其选择，然后单击下方的颜色色块，在弹出的【选择色标颜色】对话框中将颜色设置为深红色（R:130,G:7,B:53）。

4. 用与步骤 3 相同的方法，分别将左侧第二个色标的颜色修改为洋红色（R:255,G:53,B:158），第三个色标的颜色修改为粉红色（R:255,G:186,B:225），最右侧的色标仍为白色，如图 3-35 所示。

5. 颜色参数设置完成后，单击 确定 按钮，然后激活属性栏中的 ▣ 按钮，将鼠标光标移动到文件中下方的中间位置，按下鼠标左键并向上方拖曳，为背景填充如图 3-36 所示的径向渐变色。

图3-35　设置的渐变颜色

图3-36　填充渐变色后的背景效果

6. 选择 ▱ 工具，在画面中绘制出如图 3-37 所示的选区。

7. 选择 ▣ 工具，并在【渐变编辑器】窗口中设置渐变颜色如图 3-38 所示。

图3-37 绘制的选区

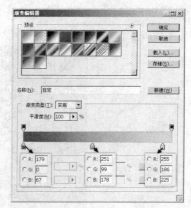

图3-38 设置的渐变颜色

8. 新建"图层 1",然后将鼠标光标移动到选区中的右下角位置,按下鼠标左键并向左上方拖曳,为选区填充如图 3-39 所示的渐变色。

9. 用与步骤 6~8 相同的方法,依次绘制选区并在新建的图层中填充渐变色,最终效果如图 3-40 所示。

图3-39 填充渐变色后的效果

图3-40 绘制出的渐变图形

10. 选择 工具,并激活属性栏中的 按钮,然后将属性栏中 粗细: 2 px 的参数设置为 "2 px"。

11. 将前景色设置为白色,然后新建"图层 5",并在画面中绘制出如图 3-41 所示的直线。

12. 按 Ctrl+Alt+T 组合键,将线形复制,并为复制出的线形添加自由变换框,然后将鼠标光标移动到中心位置按下鼠标左键向左下角拖曳,将旋转中心调整至如图 3-42 所示的位置。

图3-41 绘制的线形

图3-42 旋转中心调整的位置

13. 将属性栏中 <u>1.0</u> 度 的参数设置为 "1" 度，线形旋转的形态如图 3-43 所示。

14. 单击属性栏中的 ✔ 按钮，完成线形的旋转复制，然后依次按 Shift+Ctrl+Alt+T 组合键，重复旋转复制线形，最终效果如图 3-44 所示。

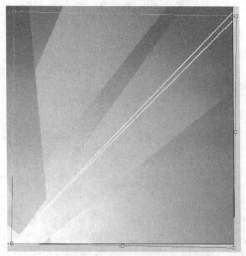

图3-43 复制线形旋转后的形态   图3-44 重复复制出的线形

15. 依次按 Ctrl+E 组合键，将复制线形生成的图层合并到 "图层 5" 中。

16. 用与步骤 10～15 相同的方法，在新建的 "图层 6" 中制作出另一组线形，效果如图 3-45 所示。

17. 选择 ✐ 工具，新建 "图层 7"，然后用与 "实训 2" 中添加星光效果相同的方法，在画面的上方依次喷绘出如图 3-46 所示的星光效果。

图3-45 制作出的线形效果   图3-46 喷绘出的星光效果

18. 按 Ctrl+O 组合键，打开素材文件中名为 "百态人物.psd" 的文件，然后利用 ▶⊕ 工具将 "图层 1" 中的人物移动复制到新建的文件中，生成 "图层 8"，并调整至如图 3-47 所示的位置。

19. 将前景色设置为黑色，背景色设置为深蓝色（R:75,G:2,B:138），然后选择 ▣ 工具，并将渐变样式设置为 "从前景到背景"。

20. 激活属性栏中的 ▣ 按钮，然后激活【图层】面板中的 ▣ 按钮，锁定图层的透明像素，再将鼠标光标移动到人物的头部位置按下鼠标左键并向下方拖曳，为人物添加如图 3-48 所示的渐变颜色。

图3-47 人物图像放置的位置

图3-48 添加渐变颜色后的效果

21. 将"百态人物.psd"文件设置为工作状态，然后利用 工具将"图层 2"中的人物图像移动复制到新建的文件中，生成"图层 9"，并调整至如图 3-49 所示的位置。

22. 用与步骤 20 相同的方法，为第二个人物添加渐变颜色，然后执行【图层】/【排列】/【向后一层】命令，将"图层 9"调整到"图层 8"的下方，图像效果如图 3-50 所示。

图3-49 人物图像调整后的位置

图3-50 添加渐变颜色后的效果

23. 用与步骤 18 相同的方法，将"百态人物.psd"文件"图层 3"中的人物图像移动复制到新建的文件中，生成"图层 10"。

24. 依次执行【图层】/【排列】/【向后一层】命令，将生成的"图层 10"调整至"图层 4"的下方，然后将人物图像调整至如图 3-51 所示的位置。

25. 利用 工具及图像的透明像素锁定功能，为图像自上向下填充由深红色（R:180,B:67）到粉红色（R:250,G:100,B:178）的线性渐变色，效果如图 3-52 所示。

图3-51 人物图像放置的位置

图3-52 填充渐变色后的效果

26. 用相同的方法，依次将"百态人物.psd"文件中剩余的图像移动复制到新建的文件中，并分别填充不同的渐变颜色，最终效果如图 3-53 所示。

图3-53　合成的人物效果

27. 按 Ctrl+S 组合键，将此文件命名为"实训 03.psd"保存。

四、　实训总结

在本实训的绘制过程中，要注意【渐变编辑器】窗口中色标按钮的位置设置及颜色的修改方法，以掌握渐变色的灵活调整。另外，旋转复制线形的方法，在实际工作过程中也会经常用到，通过本实训的学习，希望读者能将其掌握。

实训 4——修复红眼效果

本实训将通过人像照片红眼效果的修复操作来进一步熟练【红眼】工具的使用方法。

一、　实训目的

掌握【红眼】工具的使用方法与应用技巧。

二、　实训内容

利用【红眼】工具将具有红眼的不理想照片修复成正常效果的照片，照片原图与修复后的效果如图 3-54 所示。

图3-54　照片原图与修复后的效果

三、　操作步骤

1. 按 Ctrl+O 组合键，打开素材文件中名为"照片.jpg"的文件。
2. 按 Ctrl++ 组合键，将照片放大显示，然后按住空格键，同时按住鼠标左键在画面中拖曳以平移画面在窗口中的显示位置。

下面先来修饰新娘的眼睛。

3. 选择 按钮，设置属性栏中各选项及参数如图 3-55 所示。

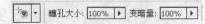

图3-55 【红眼】工具的属性设置

4. 将鼠标光标移动到如图 3-56 所示的位置单击，即可将人物的红眼效果修复，效果如图 3-57 所示。

图3-56 鼠标光标放置的位置　　　　　　　　图3-57 修复红眼后的效果

5. 将鼠标光标移动到新娘的另一只眼睛上单击，对另一只眼睛进行修复，然后依次在新郎的眼睛上单击，对其进行修复，最终效果如图 3-58 所示。

图3-58 修复后的眼睛效果

6. 按 Shift+Ctrl+S 组合键，将修复后的照片命名为"实训 04.jpg"另存。

四、 实训总结

在夜晚或光线较暗的房间里拍摄照片时，往往会出现红眼效果，而利用【红眼】工具可以迅速地对其进行修复。其使用方法非常简单，选择 工具后，在属性栏中设置合适的【瞳孔大小】和【变暗量】选项，然后在人物的红眼位置单击一下即可校正红眼。

实训 5——修复工具的应用

本实训通过修复照片中的电线等图像，来进一步熟练掌握各种修复工具的使用方法和应用技巧。

一、 实训目的

- 掌握【修补】工具的使用方法与应用技巧。
- 掌握【污点修复画笔】工具的使用方法与应用技巧。

二、 实训内容

利用【修补】工具将照片中的电线图像去除，然后利用【污点修复画笔】工具对人物的面部进行去除污点操作。照片修复前后的效果对比如图 3-59 所示。

三、 操作步骤

1. 按 Ctrl+O 组合键，打开素材文件中名为"人物.jpg"的文件。
2. 选择 🔍 工具，然后在画面中拖曳鼠标光标，状态如图 3-60 所示，将选区中的图像放大显示。

图3-59　照片修复前后的对比效果　　　　　　　图3-60　拖曳鼠标状态

3. 选择【修补】工具 ⊙，然后将鼠标光标移动到画面中拖曳绘制选区，状态如图 3-61 所示。
4. 确认在属性栏中点选【源】单选按钮，将鼠标光标移动到绘制的选区中，按下鼠标左键并向没有电线的图像上拖曳，状态如图 3-62 所示。

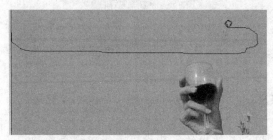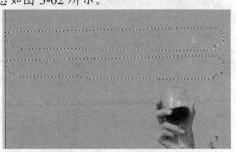

图3-61　绘制选区时的状态　　　　　　　图3-62　移动选区时的状态

5. 释放鼠标左键，即可利用没有电线位置的背景覆盖有电线的区域。

6. 用相同的方法，依次选择有电线的区域，然后利用没有电线的区域进行覆盖，去掉电线后的效果如图 3-63 所示。

接下来，利用 ◎ 工具将画面右侧的红色图像也去除。

7. 利用 ◎ 工具根据要去除的红色区域绘制出如图 3-64 所示的选区。

图3-63   去除电线后的效果

图3-64   绘制的选区

8. 将鼠标光标移动到选区中按住鼠标左键并向左拖曳，用左侧的图像来覆盖红色区域，状态如图 3-65 所示，释放鼠标左键后的效果如图 3-66 所示。

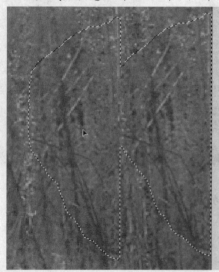

图3-65   拖曳鼠标时的状态

图3-66   修复图像后的效果

 由于利用【修补】工具 ◎ 修复图像是利用目标图像来覆盖被修复的图像，且它们之间经过颜色重新匹配混合后会得到混合效果，所以有时会出现不能一次性覆盖得到理想效果的情况，这时重复几次修复操作就可以得到理想的颜色匹配效果了。

9. 按 Ctrl + D 组合键去除选区，然后利用 🔍 工具将如图 3-67 所示的头部区域放大显示。

10. 选择 ✎ 工具，然后单击属性栏中的·按钮，在弹出的笔头设置面板中设置各项参数如图 3-68 所示。

图3-67　放大显示的区域

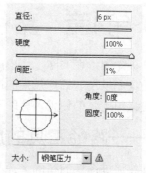

图3-68　设置的各项参数

11. 将鼠标光标移动到如图 3-69 所示的位置单击，即可将此处的污点修复。

12. 依次将鼠标光标移动到其他的污点位置单击，对脸部皮肤进行修复，最终效果如图 3-70 所示。

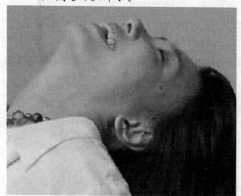

图3-69　鼠标光标单击的位置

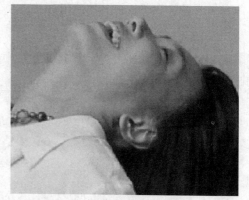

图3-70　脸部皮肤修改后的效果

13. 按 Shift+Ctrl+S 组合键，将修复后的图像命名为"实训 05.jpg"另存。

四、 实训总结

在照片修复过程中主要介绍了【修补】工具和【污点修复画笔】工具的使用方法，利用【修补】工具可以用图像中相似的区域或图案来修复有缺陷的部位或制作合成效果；而利用【污点修复画笔】工具可以快速地对照片中较小的污点进行修复，其使用方法非常简单，只需在要去除的污点位置单击即可。

第4章 路径和矢量图工具的应用

路径和矢量图形在实际工作中的应用非常广泛，例如选择复杂背景中的图像，标志设计、卡通图形的绘制以及霓虹灯效果的制作，都离不开路径工具和矢量图工具的使用。熟练掌握路径工具和矢量图工具的使用，有助于提高图像处理和图形绘制的快速性和精确性。

实训 1——路径工具的应用

本实训将通过图像的精确选择和组合，来进一步练习路径工具和路径调整工具的使用方法与使用技巧。

一、 实训目的

- 掌握路径工具的使用方法和使用技巧。
- 掌握路径调整工具的使用方法和使用技巧。

二、 实训内容

利用路径工具和路径调整工具将背景中的人物选择后完成画面合成，制作出如图 4-1 所示的画面合成效果。

图4-1 画面合成效果

三、 操作步骤

1. 按 Ctrl+O 组合键，打开素材文件中名为"调皮女孩.jpg"和"底图.jpg"的文件。
在使用【钢笔】工具 ◊ 选择图像时，为了使操作更加快捷和方便，且选择的图像更加精确，可以先将图像窗口放大显示。

2. 将"调皮女孩.jpg"文件设置为工作状态，然后利用 🔍 工具将画面中的人物放大显示。

3. 选择 工具，并在属性栏中激活 按钮，然后将鼠标光标放置在人物头部的边缘处，如图 4-2 所示，单击鼠标左键，确定绘制路径的起点。

4. 沿人物的边缘移动鼠标光标，到如图 4-3 所示的位置单击确定第二点。

图4-2 鼠标光标放置的位置

图4-3 鼠标光标移动到的位置

5. 用此方法，依次沿人物的边缘绘制钢笔路径，绘制出的路径形状如图 4-4 所示。

6. 选择 工具，将鼠标光标放置在绘制路径的控制点上，按下鼠标左键并拖曳，将出现如图 4-5 所示的控制柄。

图4-4 绘制出的路径

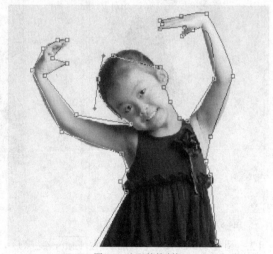

图4-5 出现的控制柄

7. 通过调整控制柄，可以使路径的一侧与人物的边缘对齐，释放鼠标左键，将鼠标光标放置在未调整好的另一侧的控制柄上，按下鼠标左键拖曳，将路径进行调整，调整的路径形态如图 4-6 所示。

8. 用同样的方法，将路径中的其他控制点依次进行调整，使调整后的路径与人物对齐，如图 4-7 所示。

图4-6　拖曳控制柄调整路径状态

图4-7　调整后的路径形状

9. 路径调整完成后，按 Ctrl+Enter 组合键，将路径转换为选区，如图 4-8 所示。

10. 利用 工具，将选择的人物移动复制到"底图.jpg"文件中。

11. 执行【编辑】/【自由变换】命令，为人物图形添加变换框，然后将其调整至如图 4-9 所示的大小及位置。

图4-8　路径转换成选区后的形态

图4-9　选择人物调整后的大小及位置

12. 调整好人物的大小后，按 Enter 键确认，然后按 Shift+Ctrl+S 组合键，将组合完成的图像命名为"实训 01.psd"另存。

四、　实训总结

利用路径选择图像时，要学会其中的技巧，利用【钢笔】工具绘制路径时，添加的节点并非是越多越好，要根据实际情况来添加。在调整绘制的路径时，首先要将控制点一侧的路径调整好，然后再来调整另一侧的路径，此时调整好的路径将被锁定，无论怎样进行调整都不会对另一侧的路径有所影响。

实训 2——【路径】面板的应用

本实训将通过霓虹灯效果的制作，来练习制作文字路径的方法，并熟练掌握【路径】面板中描绘路径功能的使用方法。

一、实训目的

- 掌握将文字转换为路径的方法。
- 掌握【路径】面板的使用方法。
- 练习画笔工具的笔头设置。

二、实训内容

利用【路径】面板中的描绘路径功能绘制出如图 4-10 所示的霓虹灯效果。

图4-10　绘制的霓虹灯效果

三、操作步骤

1. 按 Ctrl+O 组合键，打开素材文件中名为"舞台.jpg"的文件。
2. 选择 T 工具，并单击属性栏中的 🔲 按钮，在弹出的【字符】面板中设置各选项及参数如图 4-11 所示。
3. 在画面中单击设定文字输入点，然后依次输入如图 4-12 所示的白色英文字母。

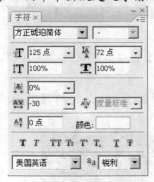

图4-11　【字符】面板

图4-12　输入的英文

4. 执行【图层】/【文字】/【创建工作路径】命令，沿文字的边缘创建工作路径。单击【图层】面板中如图 4-13 所示的图标，将文字在画面中隐藏，只显示转换后的路径，如图 4-14 所示。

图4-13 鼠标光标放置的位置

图4-14 创建的工作路径

5. 将前景色设置为绿色（G:255,B:42），选择 ✎ 工具，并单击属性栏中的 按钮，在弹出的【画笔】面板中设置各项参数如图 4-15 所示。

6. 新建"图层 1"，确认属性栏中的【不透明度】为"100%"，然后单击【路径】面板中的 ○ 按钮，用设置的画笔对路径进行描绘，效果如图 4-16 所示。

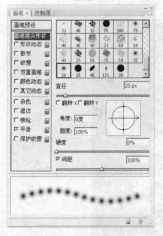

图4-15 【画笔】面板

图4-16 描绘后的效果

7. 再次单击 ○ 按钮描绘路径，加深描绘出图形的颜色，效果如图 4-17 所示。

图4-17 重复描绘后的效果

8. 在【画笔】面板中重新设置各项参数，将画笔的【直径】修改为"10 px"，【间距】设置为"200%"。

9. 将前景色设置为白色，然后再次单击 ○ 按钮，用设置的画笔对路径进行描绘，效果如图 4-18 所示。

图4-18 再次描绘路径后的效果

10. 在【路径】面板中的灰色区域单击，将路径隐藏，效果如图 4-19 所示。

图4-19　隐藏路径后的效果

11. 选择工具，然后单击属性栏中【形状】选项右侧的·按钮，在弹出的【形状】选项面板中选择如图 4-20 所示的图形。

12. 单击属性栏中的按钮，在画面中绘制出如图 4-21 所示的路径。

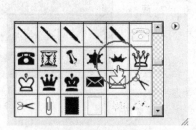

图4-20　选择的形状图形

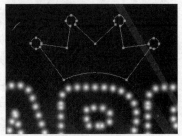

图4-21　绘制的路径

13. 将前景色设置为黄色（R:240,G:255），选择工具，并在【画笔】面板中将【直径】设置为 "8 px"，【间距】设置为 "100%"。

14. 新建 "图层 2"，然后单击【路径】面板中的按钮，用设置的画笔对路径进行描绘，效果如图 4-22 所示。

15. 再次单击按钮，加深描绘图形的颜色。

16. 在【画笔】面板中重新设置各项参数，将画笔的【直径】修改为 "4 px"，【间距】设置为 "200%"。

17. 将前景色设置为白色，然后再次单击按钮，用设置的画笔对路径进行描绘，隐藏路径后的效果如图 4-23 所示。

图4-22　描绘路径后的效果

图4-23　隐藏路径后的效果

18. 按 Shift+Ctrl+S 组合键，将制作的霓虹灯效果命名为 "实训 02.psd" 另存。

四、　实训总结

在霓虹灯的制作过程中，路径的绘制、画笔笔头的设置以及画笔描绘路径按钮的应用都是很重要的。但是要明确的一点是，描绘路径时所使用的笔头是画笔笔头，描绘的颜色是当前工具箱中的前景色。

实训 3——矢量图工具的应用

本实训将通过制作一个网页按钮来熟练掌握矢量图工具的基本使用方法。

一、 实训目的

- 掌握矢量图工具的使用方法。
- 掌握渐变工具的使用方法。
- 了解网页按钮的制作技巧。

二、 实训内容

利用矢量图工具绘制完成的网页按钮效果如图 4-24 所示。

三、 操作步骤

图4-24 绘制完成的网页按钮

1. 新建一个【宽度】为 "10.5 厘米",【高度】为 "7 厘米",【分辨率】为 "120 像素/英寸",【模式】为 "RGB 颜色",【背景内容】为 "白色" 的文件。

2. 将前景色设置为深绿色（R:55,G:130,B:60），然后按 Alt+Delete 组合键，将设置的前景色填充至背景层中。

3. 在【图层】面板中新建 "图层 1"，将前景色设置为白色。

4. 选择 ▢ 工具，并激活属性栏中的 ▢ 按钮，然后设置属性参数如图 4-25 所示。

| ▢ ▾ | ⬚ ⬚ ▢ | ◇ ◈ ⬚ ◐ | ● ○ \ ◈ ▾ | 半径: 50 px | 模式: 正常 ▾ | 不透明度: 100% ▸ | ☑ 消除锯齿 |

图4-25 圆角矩形参数设置

5. 在 "图层 1" 上绘制出如图 4-26 所示的圆角矩形。

6. 按 Ctrl+J 组合键，将 "图层 1" 复制为 "图层 1 副本" 层，然后将 "图层 1" 设置为工作层。

7. 执行【图层】/【图层样式】/【描边】命令，弹出【图层样式】对话框，参数设置如图 4-27 所示，然后单击 确定 按钮。

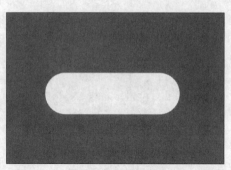

图4-26 绘制圆角矩形

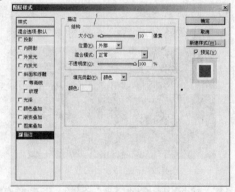

图4-27 描边参数设置

8. 将 "图层 1 副本" 层设置为工作层，然后双击该图层的灰色区域，弹出【图层样式】对话框，分别设置【投影】和【描边】选项的参数如图 4-28 所示，其中描边的颜色为深绿色（R:45,G:128,B:60）。

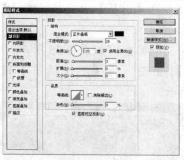

图4-28　【投影】与【描边】参数设置

9.　单击 ▢确定 按钮，添加图层样式后的效果如图 4-29 所示。

10.　选择 ▢工具，按住 Shift 键，在圆角矩形上绘制出如图 4-30 所示的圆形选区。

图4-29　添加图层样式后的效果　　　　　　　　　　　图4-30　绘制的圆形选区

11.　确认"图层 1 副本"层为工作层，按 Delete 键删除选区内的图像，然后按 Ctrl+D 组合键去除选区，得到的效果如图 4-31 所示。

12.　单击【图层】面板中的▢按钮，将"图层 1 副本"层的透明像素锁定，然后利用▢工具将圆角矩形的下半部分框选，如图 4-32 所示。

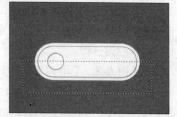

图4-31　删除部分图像后的效果　　　　　　　　　　　图4-32　绘制的矩形选区

13.　选择 ▢工具，并在属性栏中的 ▢按钮上单击，在弹出的【渐变编辑器】窗口中设置颜色参数为深绿色(R:45,G:126,B:58)和酒绿色（R:48,G:223,B:50），然后单击 ▢确定 按钮。

14.　将鼠标光标移动到选区中，为选区由上至下填充如图 4-33 所示的线性渐变色。

15.　按 Shift+Ctrl+I 组合键将选区反选，然后再次单击▢工具属性栏中的 ▢按钮，在弹出的【渐变编辑器】窗口中设置颜色参数为月光绿色（R:117,G:222,B:64）和草绿色（R:52,G:156,B:71），单击 ▢确定 按钮。

16.　将鼠标光标移动到圆角矩形的上半部分拖曳，为其填充如图 4-34 所示的线性渐变色。

图4-33　下半部分填充渐变色后的效果　　　　　　　　图4-34　上半部分的线性渐变效果

17. 按住 Ctrl 键单击"图层 1"层，载入选区，然后在【图层】面板中新建"图层2"，并为选区填充白色。

18. 按 3 次键盘中的向下方向键，将选区向下移动 3 个像素，如图 4-35 所示。

19. 按 Delete 键删除选区内的图像，然后将"图层 2"的【不透明度】设为"40%"，制作出按钮的高光效果，如图 4-36 所示。

图4-35　选区移动后的位置

图4-36　制作出的高光效果

20. 在【图层】面板中新建"图层 3"，然后选择 工具，并激活属性栏中的 按钮，再在【形状】面板中选择如图 4-37 所示的箭头形状。

21. 将前景色设为深绿色（R:45,G:128,B:60），然后按住 Shift 键在圆形里绘制出如图 4-38 所示的箭头图形。

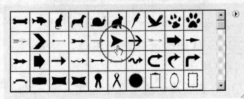

图4-37　选择的箭头形状

图4-38　绘制的箭头图形

22. 将前景色设为白色，利用 T 工具，输入如图 4-39 所示的字母。

23. 按 Ctrl+J 组合键，将文字层再复制一层，然后将复制文字的颜色修改为深绿色（G:83,B:54）。

24. 选择【图层】/【排列】/【后移一层】命令，将复制出的文字层调整至原文字层的下方，然后按键盘中的向下和向右方向键，将文字副本层向下和向右分别移动 1 个像素，调整位置后的效果如图 4-40 所示。

图4-39　输入的字母

图4-40　制作的阴影效果

25. 按 Ctrl+S 组合键，将绘制完成的按钮命名为"实训 03.psd"保存。

四、实训总结

本实训主要运用了矢量图工具并结合渐变工具进行了网页按钮的制作。在制作过程中，灵活运用各种矢量图工具，可制作出其他形状的网页按钮。另外，渐变颜色的设置也非常重要。通过此实训的学习，希望读者能够学会综合使用多种工具进行作品绘制的方法，以达到学以致用的目的。

第5章 文字和其他工具的应用

文字的运用在图像处理及平面设计中是非常重要的。好的作品，除了表现创意、图形的构成等方面外，文字的编辑和应用也非常重要，而且大多数作品都离不开文字的应用。在Photoshop 软件中，文字可分为美术文字和段落文字两种类型。美术文字适合于编辑文字应用较少的画面或需要制作特殊效果的画面，而段落文字适合于编排文字应用较多的画面。

实训 1——文字工具的基本应用

本实训将通过设计网页广告来进一步练习文字工具的基本应用，包括文字的输入、文字编辑、变形文字等。

一、 实训目的

- 掌握文字的输入方法。
- 掌握文字的编辑方法。
- 掌握变形文字的制作方法。

二、 实训内容

灵活运用文字工具设计出如图 5-1 所示的网页广告。

图5-1 设计的网页广告

三、 操作步骤

1. 按 Ctrl+O 组合键，打开素材文件中名为"广告背景.jpg"的文件。
2. 选择 T 工具，并单击属性栏中的 国 按钮，在弹出的【字符】面板中设置文字的字体和字号如图 5-2 所示，其中文字的颜色为红色（R:230）。

3. 将鼠标光标移动到画面中单击，插入文字输入光标，然后依次输入如图 5-3 所示的文字。

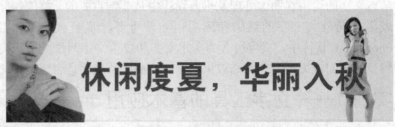

图5-2　【字符】面板　　　　　　　　　　　　　　　　　　图5-3　输入的文字

4. 将鼠标光标移动到"休"字前面按下鼠标左键并向右拖曳，将"休闲"两字选中，状态如图 5-4 所示。

图5-4　选择的文字

5. 在【字符】面板中重新设置文字的字体及字号，并激活下方的 T 按钮，如图 5-5 所示，然后单击属性栏中的 ✓ 按钮，完成文字的修改，效果如图 5-6 所示。

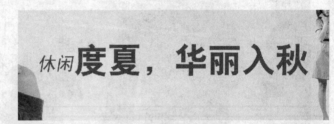

图5-5　【字符】面板　　　　　　　　　　　　　　　　　　图5-6　修改文字后的效果

6. 利用 T 工具在红色文字的上方单击，插入文字输入光标，然后在【字符】面板中设置文字的字体及字号如图 5-7 所示，其中文字的颜色为黑色，再依次输入如图 5-8 所示的英文字母及文字。

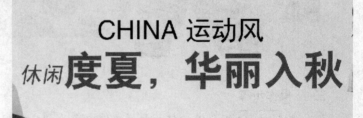

图5-7　【字符】面板　　　　　　　　　　　　　　　　　　图5-8　输入的英文字母及文字

7. 继续利用 T 工具在红色文字的下方依次输入如图 5-9 所示的黑色文字，单击 ✓ 按钮确认。

8. 新建 "图层 1"，选择 ＼ 工具，并将属性栏中 粗细: 3 px 的参数设置为 "3 px"，然后在文字的左侧绘制出如图 5-10 所示的黑色线形。

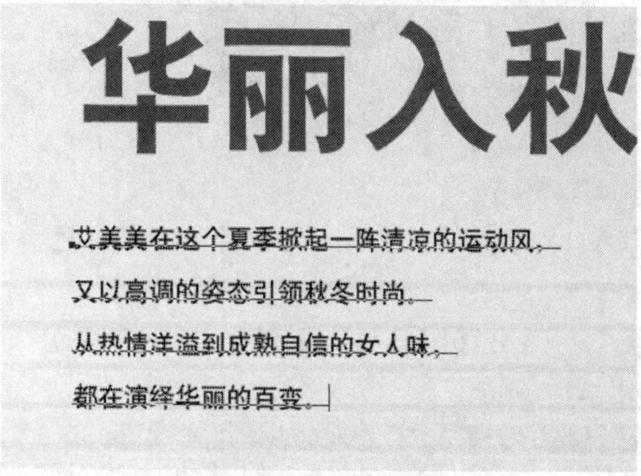

图5-9　输入的文字

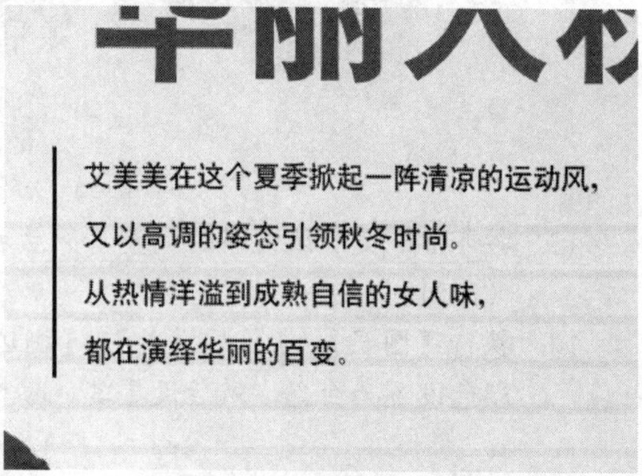

图5-10　绘制的线形

9. 再次利用 T 工具输入如图 5-11 所示的文字，然后单击属性栏中的 按钮，在弹出的【变形文字】对话框中设置选项及参数如图 5-12 所示。

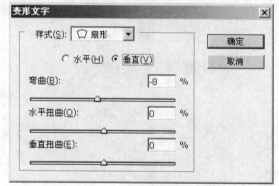

图5-11　输入的文字

图5-12　【变形文字】对话框

10. 单击　　确定　　按钮，文字变形后的效果如图 5-13 所示。

11. 利用 T 工具依次输入如图 5-14 所示的文字，其中 "红色经典" 文字为粉红色（R:255,G:118,B:118），"可爱前卫" 和 "活力沙滩" 文字为红色（R:255）。

图5-13　文字变形后的效果

图5-14　输入的文字

12. 确认 "活力沙滩" 文字层为工作层，执行【编辑】/【自由变换】命令，为文字添加自由变换框，然后将文字旋转角度并调整至如图 5-15 所示的位置。

图5-15　文字调整后的形态及位置

13. 按 Enter 键确认文字的调整，然后利用 T 工具继续输入如图 5-16 所示的深红色
　　（R:210）文字。

14. 执行【图层】/【图层样式】/【描边】命令，弹出【图层样式】对话框，将描边
　　颜色设置为白色，然后设置其他参数如图 5-17 所示。

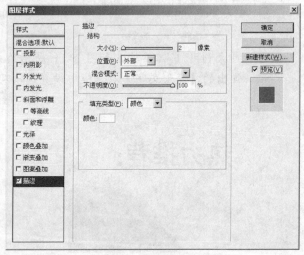

图5-16　输入的文字　　　　　　　　　　　　　　　　图5-17　设置的描边参数

15. 单击　　确定　　按钮，文字描边后的效果如图 5-18 所示。

16. 利用【自由变换】命令，将文字调整至如图 5-19 所示的形态，按 Enter 键
　　确认。

图5-18　文字描边后的效果　　　　　　　　　　　　　图5-19　调整后的形态

17. 利用 T 工具再依次输入如图 5-20 所示的黑色文字，然后执行【图层】/【图层
　　样式】/【描边】命令，为下方文字以【外部】的形式描绘【大小】为"5"像素
　　的白色边缘，效果如图 5-21 所示。

图5-20 输入的文字

图5-21 描边后的效果

18. 利用 T 工具选择如图 5-22 所示的文字，然后单击属性栏中的黑色色块，在弹出的【选择文本颜色】对话框中将文字颜色修改为红色（R:236）。

19. 单击 确定 按钮，单击属性栏中的 ✓ 按钮确认，效果如图 5-23 所示。

图5-22 选择的文字

图5-23 修改文字颜色后的效果

20. 执行【编辑】/【自由变换】命令，将文字旋转至如图 5-24 所示的形态，按 Enter 键确认。

21. 单击属性栏中的 按钮，在弹出的【字符】面板中设置行距为"48 点"，将行与行之间的距离调大，效果如图 5-25 所示。

图5-24 旋转后的形态

图5-25 调整行距后的效果

22. 至此，网页广告设计完成，按 Shift+Ctrl+S 组合键，将此文件命名为"实训 01.psd"另存。

四、 实训总结

在一幅广告画面的设计过程中，可能为了突出其中的重点，而特意将主题文字的大小、颜色、形状、字体等制作得与其他文字有所不同，使其更为突出。在上面的实例中对有关文字局部的调整方法已经进行了介绍，希望读者熟练掌握变形文字的调整方法。

实训 2——文字工具的效果应用

本实训将通过设计一个蛋糕店的优惠券，来进一步练习变形文字的效果应用，包括文字的变形、转换形状、沿路径排列等。

一、实训目的

- 掌握文字变形工具的使用方法。
- 掌握文字转换形状图形的方法及应用。
- 掌握文字沿路径排列的输入方法。

二、实训内容

灵活运用文字工具的各种功能设计出如图 5-26 所示的优惠券。

图5-26　设计的优惠券

三、操作步骤

1. 新建一个【宽度】为"40 厘米"，【高度】为"18 厘米"，【分辨率】为"120 像素/英寸"，【模式】为"RGB 颜色"，【背景内容】为"白色"的文件。

2. 打开素材文件中名为"蛋糕 01.jpg"的文件，利用 ▸⊹ 工具将其移动复制到新建的文件中，生成"图层 1"，然后将图片调整至如图 5-27 所示的大小及位置。

3. 利用 ✍ 和 ▷ 工具依次绘制出如图 5-28 所示的路径。

图5-27　蛋糕图片调整后的大小及位置

图5-28　绘制的路径

4. 按 Ctrl + Enter 组合键将路径转换为选区，然后在新建的"图层 2"中为选区填充黄色（R:255,G:210），效果如图 5-29 所示。

5. 按 Ctrl+D 组合键去除选区，然后选择 ✎ 工具，并将鼠标光标移动到如图 5-30 所示的位置单击，创建如图 5-31 所示的选区。

 在利用路径工具绘制黄色图形的边界轮廓时，路径的上下两端一定要与文件的上下两端对齐或超出文件的两端，否则在创建选区时，不能出现预期的效果。

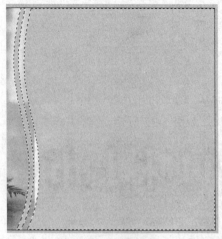  

图5-29　填充的黄色　　　　　　　图5-30　鼠标光标放置的位置　　　　　　图5-31　创建的选区

6. 为选区填充白色，然后按 Ctrl+D 组合键去除选区。

7. 打开素材文件中名为"蛋糕 02.jpg"的文件，在【路径】面板中单击"路径 1"，显示路径，然后按 Ctrl+Enter 组合键，将路径转换为选区。

 在实际工作过程中，经常会遇到选择复杂图像的操作，因此读者一定要熟练掌握选择图像的多种方法。另外，在本实训中读者也可以试着自己重新选择，以熟练掌握路径工具的应用。

8. 利用 ⊕ 工具将选区内的图像移动复制到新建的文件中，生成"图层 3"，然后将图片调整至如图 5-32 所示的大小及位置。

9. 选择 ⬭ 工具，并将属性栏中 羽化:40 px 的参数设置为"40 px"，然后在画面中绘制出如图 5-33 所示的椭圆形选区。

10. 按住 Ctrl 键单击【图层】面板中的 🗋 按钮，在"图层 3"的下方新建"图层 4"，为选区填充红褐色（R:180,G:85,B:45），去除选区后的效果如图 5-34 所示。

图5-32　图片调整后的大小及位置　　　　图5-33　绘制的椭圆形选区　　　　图5-34　制作的阴影效果

11. 在【图层】面板中单击"图层 3"，将其设置为工作层，然后将前景色设置为白色，并利用 T 工具在蛋糕图形的上方输入如图 5-35 所示的白色文字。

12. 利用【图层样式】命令为文字添加投影和描边效果，参数设置如图 5-36 所示。

图5-35　输入的文字

图5-36　设置的图层样式参数

13. 单击 ___确定___ 按钮，添加图层样式后的文字效果如图 5-37 所示。

14. 单击属性栏中的 ![icon] 按钮，弹出【变形文字】对话框，设置选项及参数如图 5-38 所示。

15. 单击 ___确定___ 按钮，为文字添加拱形变形效果，然后将其调整至如图 5-39 所示的形态及位置。

图5-37　添加图层样式后的文字效果

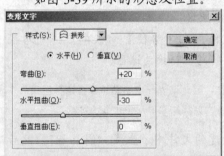

图5-38　【变形文字】对话框

图5-39　变形文字形态及位置

16. 继续利用 ![icon] 和 ![icon] 工具绘制出如图 5-40 所示的路径，然后将路径转换为选区，并在新建的"图层 5"中为选区填充白色，去除选区后的效果如图 5-41 所示。

图5-40　绘制的路径

图5-41　填充白色后的效果

17. 在"新口味上市！"文字层上单击鼠标右键，在弹出的快捷菜单中选择【拷贝图层样式】命令，然后在"图层 5"上单击鼠标右键，在快捷菜单中选择【粘贴图层样式】命令，效果如图 5-42 所示。

18. 将前景色设置为褐色（R:94,G:28），然后利用 T 工具在画面的右上角位置单击，确定文字的输入起点。

19. 选择"智能 ABC"输入法，然后在 ![icon] 最右侧的 ![icon] 按钮位置单击鼠标右键，在弹出的快捷菜单中选择如图 5-43 所示的命令，即可弹出软键盘。

图5-42　复制图层样式后的效果

PC键盘	标点符号
希腊字母	数字序号
俄文字母	数字符号
注音符号	✓ 单位符号
拼　音	制表符
日文平假名	特殊符号
日文片假名	

图5-43　菜单命令

20. 在弹出的软键盘中单击如图 5-44 所示的符号，在画面中输入符号，然后再次单击输入法中的▦按钮关闭软键盘，再依次输入如图 5-45 所示的数字和文字。

图5-44　单击的符号

图5-45　输入的数字和文字

21. 继续利用 T 工具输入如图 5-46 所示的文字，然后执行【图层】/【文字】/【转换为形状】命令，将文字转换为形状，如图 5-47 所示。

图5-46　输入的文字

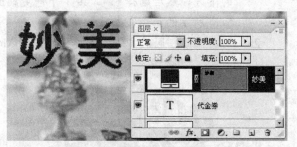

图5-47　转换为形状后的效果

22. 利用 ▶ 工具依次选择文字形状并分别调整其位置，摆放效果如图 5-48 所示。

23. 执行【图层】/【图层样式】/【描边】命令为形状添加描边效果，参数设置及描边后的效果如图 5-49 所示。

图5-48　调整位置后的形态

图5-49　描边参数设置及效果

24. 在【图层】面板中，将"妙美"图层向下拖曳至如图 5-50 所示的 ▫ 按钮上，复制图层，效果如图 5-51 所示。

图5-50 拖曳的位置

图5-51 复制出的图层

25. 双击复制形状层前面如图 5-52 所示的图层缩览图，在弹出的【拾取实色】对话框中将颜色修改为土黄色（R190,G:140,B:60）。

26. 在复制形状层下面如图 5-53 所示的位置双击，在弹出的【图层样式】对话框中将描边颜色修改为红褐色（R:90,G:30,B:18），单击 ___确定___ 按钮。

图5-52 鼠标光标放置的位置

图5-53 双击的位置

27. 执行【图层】/【排列】/【后移一层】命令，将复制出的文字形状调整至原图层的下方，然后选择 工具，并将复制出的文字形状向右移动位置，制作出如图 5-54 所示的立体文字效果。

28. 用与上面相同的方法，制作出 "MiaoMei" 字母的立体效果，如图 5-55 所示。

图5-54 制作的立体文字效果

图5-55 制作的字母效果

29. 继续利用 T 工具输入 "水果糕点" 文字，并执行【图层】/【图层样式】命令添加投影和描边效果，参数设置及制作出的文字效果如图 5-56 所示。

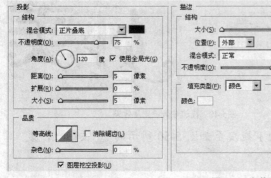

图5-56 参数设置及文字效果

30. 按住 $\boxed{Ctrl}$ 键单击 "水果糕点" 文字的图层缩览图，加载选区，然后按住 $\boxed{Shift}$+$\boxed{Ctrl}$ 组合键单击 "MiaoMei" 和 "妙美" 文字层，创建如图 5-57 所示的选区。

31. 新建 "图层 6"，并为选区填充白色，去除选区后的效果如图 5-58 所示。

图5-57 创建的选区

图5-58 填充白色后的效果

32. 执行【图层】/【图层样式】/【外发光】命令，为 "图层 6" 中的图像添加白色的外发光效果，参数设置如图 5-59 所示。

33. 依次执行【图层】/【排列】/【后移一层】命令，将 "图层 6" 调整至 "妙美副本" 层的下方，效果如图 5-60 所示。

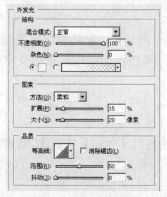

图5-59 外发光参数设置

图5-60 添加的外发光效果

34. 再次利用 和 工具绘制出如图 5-61 所示的路径，然后选择 $\boxed{T}$ 工具，将鼠标光标移动到路径的左上方位置单击，插入文字输入光标如图 5-62 所示。

图5-61 绘制的路径

图5-62 插入的文字输入光标

35. 单击属性栏中的 按钮，在弹出的【字符】面板中设置各项参数如图 5-63 所示，然后依次输入如图 5-64 所示的文字。

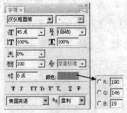
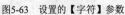

图5-63　设置的【字符】参数

图5-64　输入的文字

36. 执行【图层】/【图层样式】命令为文字添加投影和描边效果，参数设置及添加图层样式后的效果如图 5-65 所示。

图5-65　图层样式参数设置及添加样式后的文字效果

37. 至此，优惠券设计完成，按 Ctrl+S 组合键将此文件命名为 "实训 02.psd" 保存。

四、　实训总结

本实训主要练习了文字的变形、特殊字符的输入、文字的转换、利用复制图层制作立体效果的方法及沿路径输入文字的方法，通过本实训的学习，希望读者能熟练掌握文字的有关操作，以在实际工作过程中灵活运用。

实训 3——裁剪操作

本实训将通过裁剪具有旋转角度的图像，来熟练掌握利用【裁剪】工具 ┗ 裁剪图像的操作方法。

一、　实训目的

- 掌握【裁剪】工具的灵活运用。
- 掌握图像裁剪的方法。
- 掌握裁剪透视图像的方法。

二、　实训内容

利用 ┗ 工具对图像进行裁剪，图像原图及裁剪后的效果如图 5-66 所示。

图5-66　图像原图及裁剪后的效果

三、 操作步骤

1. 打开素材文件中名为 "小狗.jpg" 的文件。

2. 选择 工具，将鼠标光标移动到画面中，根据小狗图像绘制出如图 5-67 所示的裁剪框。

3. 将鼠标光标移动到裁剪框的右上角位置，当鼠标光标显示为旋转图标时按下鼠标左键并向右下方拖曳，将裁剪框旋转至如图 5-68 所示的形态。

4. 将鼠标光标移动到画面中按下鼠标左键并向右拖曳，可调整裁剪框的位置，如图 5-69 所示。

图5-67　绘制的裁剪框　　　　　图5-68　旋转后的形态　　　　　图5-69　裁剪框移动后的位置

将鼠标光标移动到裁剪框各边的中间位置，当鼠标光标显示为双向箭头时按下鼠标左键并拖曳，可调整裁剪框的宽度和高度。

5. 将鼠标光标放置到右侧边框的中间位置，当鼠标光标显示为双向箭头时按下鼠标左键并向左拖曳，将裁剪框的宽度缩小，最终效果如图 5-70 所示。

 此处将裁剪框的宽度缩小，是为了图像裁剪后不产生新的背景。如果裁剪框位于图像外，裁剪图像后，位于图像外的区域将以背景色替换。如果背景色为红色，裁剪后的图像效果如图 5-71 所示。

6. 将鼠标光标移动到裁剪框内双击，即可完成图像的裁剪，效果如图 5-72 所示。

图5-70　调整后的裁剪框　　　　　图5-71　裁剪后的效果　　　　　图5-72　裁剪后的效果

7. 按 Shift+Ctrl+S 组合键，将此文件命名为 "实训 03.jpg" 另存。

接下来介绍一种裁剪透视图像的方法，图像原图及裁剪后的效果如图 5-73 所示。

图5-73 图像原图及裁剪后的效果

1. 打开素材文件中名为"建筑.jpg"的文件，利用  工具在图像中拖曳，绘制出如图 5-74 所示的裁剪框。

2. 在属性栏中勾选 透视 复选框，然后将鼠标光标放置到裁剪框中左上角的控制点上按下鼠标左键并向右拖曳，调整裁剪框的形态，如图 5-75 所示。

图5-74 绘制的裁剪框

图5-75 调整控制点时的状态

3. 至合适位置后释放鼠标左键，然后将鼠标光标移动到裁剪框中右上角的控制点上按下鼠标左键并向左拖曳，根据图像的透视角度，将裁剪框调整至如图 5-76 所示的形态。

4. 单击属性栏中的 ✓ 按钮，即可完成裁剪操作。

5. 按 Shift+Ctrl+S 组合键，将文件命名为"实训04.jpg"另存。

图5-76 调整后的裁剪框形态

四、 实训总结

在照片处理过程中，经常会出现照片中的主要景物太小，而周围的多余空间较大的现象，此时就可以利用【裁剪】工具对其进行裁切处理，使照片的主题更为突出。另外，在进行照片拍摄或扫描时，可能会由于各种失误而导致画面中的主体物出现倾斜，或在拍摄照片时，由于拍摄者所站的位置或角度不合适而经常拍摄出具有严重透视的照片，对于出现以上这些情况的照片，都可以通过【裁剪】工具进行矫正。

第6章　图层的应用

图层是进行图形绘制和图像处理的最基础、最重要的命令，也是学习 Photoshop 软件的重点。对于任何图形绘制或图像的处理都要用到图层，能够熟练、灵活地运用图层、图层混合模式以及【图层样式】命令，还可以创建许多特殊的效果。

实训 1——图层基本操作

本实训将通过制作气泡底纹效果来练习图层的基本操作和应用。

一、　实训目的

- 了解图层的基本功能。
- 掌握【图层】面板中各按钮的功能。
- 掌握有关图层的基本操作方法。

二、　实训内容

利用图层的基本特性制作出如图 6-1 所示的气泡效果。

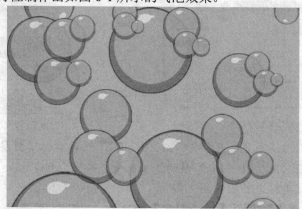

图6-1　制作的气泡效果

三、　操作步骤

1.　新建一个【宽度】为"15 厘米"，【高度】为"15 厘米"，【分辨率】为"72 像素/英寸"，【颜色模式】为"RGB 颜色"，【背景内容】为"白色"的文件。

2.　执行【视图】/【新建参考线】命令，弹出【新建参考线】对话框，设置参考线的参数如图 6-2 所示，设置完成后，单击 ▢确定▢ 按钮。

3.　再次执行【视图】/【新建参考线】命令，弹出【新建参考线】对话框，设置参考线的位置如图 6-3 所示，设置完成后，单击 ▢确定▢ 按钮。

图6-2　参考线水平设置

图6-3　参考线垂直设置

4.　在【图层】面板中新建"图层 1"，然后选择 ⬭ 工具，按住 Shift+Alt 组合键，将鼠标光标移动到参考线的交点位置，按下鼠标左键并向右下方拖曳，绘制出如图 6-4 所示的圆形选区。

5. 为绘制的圆形选区填充深蓝色（R:18,G:104,B:180），然后按 Ctrl + D 组合键去除选区，并设置"图层 1"的【不透明度】为"50%"，效果如图 6-5 所示。

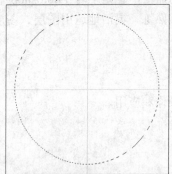

图6-4 绘制的圆形选区

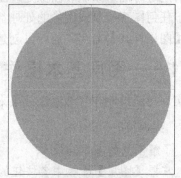

图6-5 填充颜色后的效果

6. 执行【图层】/【复制图层】命令，弹出如图 6-6 所示的【复制图层】对话框，单击 确定 按钮，将"图层 1"复制为"图层 1 副本"，如图 6-7 所示。

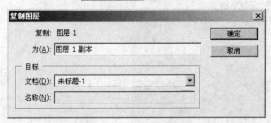

图6-6 【复制图层】对话框

图6-7 复制出的图层

7. 将前景色设置为浅蓝色（R:187,G:212,B:240），然后单击【图层】面板左上角的 ⊠ 按钮，锁定"图层 1 副本"层的透明像素，再按 Alt + Delete 组合键，将设置的颜色填充至复制的图层中。

8. 将"图层 1 副本"层的【不透明度】修改为"70%"，然后执行【编辑】/【自由变换】命令，将复制的图形调整至如图 6-8 所示的大小及位置。

9. 按 Enter 键确认图形的大小调整，然后按住 Ctrl 键，单击如图 6-9 所示的图层缩览图，载入大圆形的选区，如图 6-10 所示。

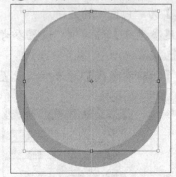

图6-8 复制图形调整后的大小及位置

图6-9 鼠标光标放置的位置

10. 新建"图层 2"，然后执行【图层】/【排列】/【置为底层】命令，将其调整至"图层 1"的下方。

11. 将前景色设置为深蓝色（R:34,G:104,B:155），然后执行【编辑】/【描边】命令，弹出【描边】对话框，设置参数如图6-11所示。

图6-10 载入的圆形选区

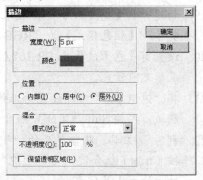

图6-11 【描边】对话框

12. 单击 确定 按钮，描边后的效果如图 6-12 所示，然后按 Ctrl+D 组合键去除选区。

13. 选择 ✍ 工具，并在属性栏中激活 按钮，然后在画面的上方位置绘制出如图 6-13 所示的路径。

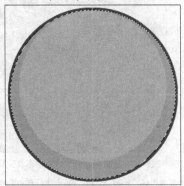

图6-12 描边后的效果

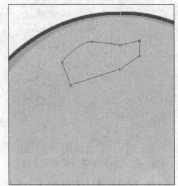

图6-13 绘制的路径

14. 利用 ▷ 工具，依次对路径的各个角点进行调整，调整后的形态如图 6-14 所示。

15. 路径调整完成后，按 Ctrl+Enter 组合键将路径转换为选区。

16. 在【图层】面板中新建"图层 3"，然后执行【图层】/【排列】/【置为顶层】命令，将其调整至所有图层的上方。

17. 为绘制的选区填充白色，然后设置"图层 3"的【不透明度】为"60%"，调整后的效果如图 6-15 所示。

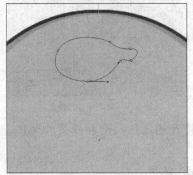

图6-14 调整出的路径形态

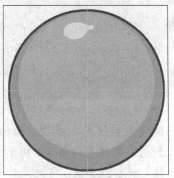

图6-15 得到的气泡效果

18. 按 Ctrl+S 组合键，将此文件命名为"泡泡.psd"保存。

下面来制作很多气泡的底纹效果。

19. 新建一个【宽度】为"30 厘米"，【高度】为"20 厘米"，【分辨率】为"72 像素/英寸"，【颜色模式】为"RGB 颜色"，【背景内容】为"白色"的文件。

20. 设置前景色为浅蓝色（R:162,G:197,B:230），然后按 Alt+Delete 组合键，为背景层填充前景色。

21. 将"泡泡.psd"文件设置为工作状态，然后单击"背景"层前面的 👁 图标，将其隐藏，再按 Shift+Ctrl+E 组合键，将可见图层合并为一个图层。

22. 利用 ⊕ 工具，将合并后的"气泡"图形移动复制到新建的文件中。

23. 按 Ctrl+T 组合键，为"气泡"图形添加自由变换框，然后将其调整至如图 6-16 所示的大小及位置。

24. 按 Enter 键，确认气泡的大小和位置调整，然后用与步骤 6 相同的复制图层方法，将生成的"图层 1"复制为"图层 1 副本"层。

25. 利用【自由变换】命令将复制的图形调整至如图 6-17 所示的形态及位置，然后按 Enter 键确认。

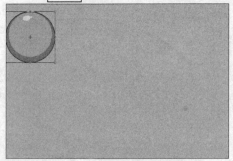

图6-16　气泡图形调整后的大小及位置

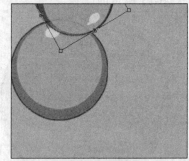

图6-17　复制图形调整后的形态及位置

26. 执行【图层】/【排列】/【后移一层】命令，将复制的"图层 1 副本"层调整至"图层 1"的下方，效果如图 6-18 所示。

27. 用与步骤 24~26 相同的复制图层并调整图形的方法，依次复制图层并进行调整，效果如图 6-19 所示。

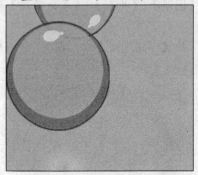

图6-18　调整图层堆叠顺序后的效果

图6-19　复制出的气泡图形

28. 继续复制图层，并按上面的调整方法，依次将气泡进行大小和位置的变化，得到的最终效果如图 6-1 所示。

29. 按 Ctrl+S 组合键，将此文件命名为"实训 01.psd"保存。

四、 实训总结

本实训主要讲述了制作气泡效果的方法，在制作过程中主要学习了参考线的设置方法、图层的复制、【不透明度】参数的设置、图层堆叠顺序的调整等基本操作。通过本实训的学习，希望读者能掌握有关图层基本操作的方法，并细心体会其中的技巧。另外，还要熟练掌握利用【自由变换】命令调整图形的方法。

实训 2——图层混合模式的应用

本实训将以为 T 恤添加图案为例，来进一步练习图层混合模式的使用方法。

一、 实训目的

- 掌握图层混合模式的使用方法。
- 掌握【图层】的复制操作。
- 掌握图像去色的方法。

二、 实训内容

灵活运用【图层】面板中的图层混合模式制作出如图 6-20 所示的 T 恤效果。

三、 操作步骤

1. 打开素材文件中名为"图案.jpg"的文件，如图 6-21 所示。
2. 按 Ctrl+J 组合键，将"背景"层复制为"图层 1"，如图 6-22 所示。

图6-20　制作的 T 恤效果

3. 执行【图像】/【调整】/【去色】命令，将图像的色彩去除。
4. 再次按 Ctrl+J 组合键，将"图层 1"层复制为"图层 1 副本"层，如图 6-23 所示。

图6-21　打开的图片

图6-22　复制出的图层

图6-23　再次复制的图层

5. 执行【图像】/【调整】/【反相】命令，将复制图层中的图像反相显示，如图 6-24 所示。
6. 执行【滤镜】/【模糊】/【高斯模糊】命令，弹出【高斯模糊】对话框，设置参数如图 6-25 所示。

图6-24 反相显示的效果

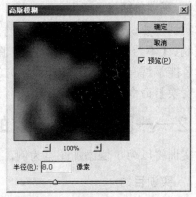

图6-25 【高斯模糊】对话框

7. 单击 确定 按钮，图像模糊处理后的效果如图 6-26 所示。

8. 在【图层】面板中的 正常 下拉列表中选择"颜色减淡"，调整混合模式后的效果如图 6-27 所示。

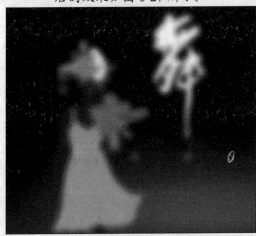

图6-26 执行【高斯模糊】命令后的效果

图6-27 调整图层混合模式后的效果

9. 按 Shift+Ctrl+S 组合键，将此文件命名为"图案去色.psd"另存。

10. 打开素材文件中名为"T恤.jpg"的文件，如图 6-28 所示。

11. 将"图案去色.psd"文件设置为工作状态，然后按 Shift+Ctrl+E 组合键，将【图层】面板中的所有图层合并到背景层中。

12. 利用 工具，将合并后的图像移动复制到"T恤.jpg"文件中，然后利用【自由变换】命令将其调整至如图 6-29 所示的大小及位置。

13. 单击属性栏中的 按钮，确认图像的大小调整，然后将生成"图层 1"的图层混合模式设置为"正片叠底"，调整混合模式后的图像效果如图 6-30 所示。

14. 按 Shift+Ctrl+S 组合键，将此文件命名为"实训 02.psd"另存。

四、 实训总结

图层混合模式决定当前图层中的像素与其下面图层中的像素以何种模式进行混合。灵活运用图层混合模式可以将图层中的图像制作出各种不同的特殊混合效果。

图6-28 打开的图片

图6-29 图像调整后的大小及位置

图6-30 调整混合模式后的效果

实训 3——图像混合

本实训将通过图像与背景融合的实例来介绍【混合选项】命令的使用方法。

一、实训目的

- 掌握【混合选项】命令的功能及使用方法。
- 了解图层蒙版的运用。

二、实训内容

执行【图层】/【图层样式】/【混合选项】命令将两幅图像进行合成，制作出如图6-31 所示的效果。

三、操作步骤

1. 打开素材文件中名为"游乐园.jpg"和"天空.jpg"的文件，如图 6-32 所示。

图6-31 制作完成的画面合成效果

图6-32 打开的图片

2. 利用 工具，将"天空"图片移动复制到"游乐园.jpg"文件中，然后利用
【自由变换】命令将其调整至如图 6-33 所示的大小及位置。

3. 按 Enter 键确认图像的调整操作，然后执行【图层】/【图层样式】/【混合选项】命令，弹出【图层样式】对话框。

4. 按住 Alt 键，将鼠标光标放置到如图 6-34 所示的位置。

图6-33　图像调整后的大小及位置

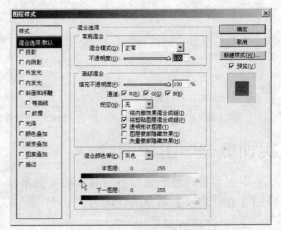

图6-34　鼠标光标放置的位置

5. 按下鼠标左键并向右拖曳，调整天空所在图层的混合图像范围，状态如图 6-35 所示，此时的图像效果如图 6-36 所示。

6. 将鼠标光标移动到左侧的滑块上，按下鼠标左键并向右拖曳至如图 6-37 所示的位置。

 按住 Alt 键，并拖动滑块三角形的一半，可定义部分混合图像的范围。在分开的滑块上方显示的两个数值表示图像混合的范围。

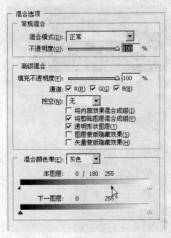

图6-35　拖曳鼠标光标时的状态

图6-36　混合的效果

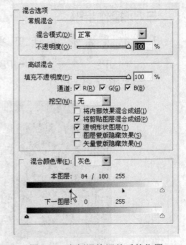

图6-37　左侧滑块调整后的位置

　　天空所在图层的图像混合后的效果如图 6-38 所示。下面利用相同的方法，将下方图像调整得清晰一点。

7. 用相同的方法，将"下一图层"右侧的滑块分别调整至如图 6-39 所示的位置，调整下方图像后的效果如图 6-40 所示。

图6-38　上方图像混合后的效果

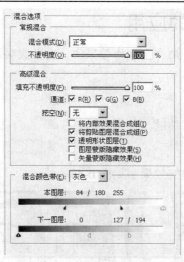

图6-39　调整的滑块位置

图6-40　下方图像混合后的效果

8.　单击 ＿＿确定＿＿ 按钮，完成图像的混合。

从上图中可以看出，画面下方的两幅图像有明显的分界线，下面利用图层的蒙版功能来进行修复。

9.　在【图层】面板中单击 按钮，为"图层 1"添加图层蒙版，【图层】面板形态如图 6-41 所示。

10.　选择 工具，将前景色设置为黑色，选择一个较大的圆形虚化笔头后，将鼠标光标移动到分界线的位置拖曳，将拖曳区域的图像隐藏，状态如图 6-42 所示。

11.　用相同的方法，依次在分界线位置拖曳鼠标光标，即可完成图像的混合，最终效果如图 6-43 所示。

图6-41　添加的图层蒙版

图6-42　编辑蒙版时的状态

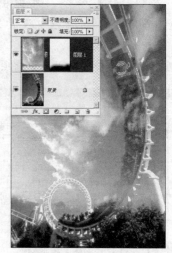

图6-43　图像合成后的效果

12.　按 Shift+Ctrl+S 组合键，将文件命名为"实训 03.psd"另存。

四、　实训总结

在本实训中主要运用图层的【混合选项】命令制作了游乐园与天空图的合成效果，还运用了图层的蒙版功能对图像进行编辑。这些操作在实际工作过程中会经常用到，通过本例的学习，希望读者可以将其熟练掌握。

实训 4——图层样式的应用

本实训将利用【图层样式】命令来制作效果字，在效果字质感的添加中要注意各图层样式命令的灵活运用。

一、 实训目的

掌握各【图层样式】命令的功能及使用方法。

二、 实训内容

利用【图层样式】命令制作的效果字如图 6-44 所示。

图6-44 制作的效果字

三、 操作步骤

1. 新建一个【宽度】为 "20 厘米"，【高度】为 "12 厘米"，【分辨率】为 "150 像素/英寸"，【颜色模式】为 "RGB 颜色"，【背景内容】为 "白色" 的文件。

2. 选择 [T]工具，在文件中输入如图 6-45 所示的黑色字母。

3. 执行【图层】/【图层样式】/【投影】命令，在弹出的【图层样式】对话框中设置各项参数如图 6-46 所示。

图6-45 输入的黑色字母

4. 单击【内阴影】选项将其选中，然后设置右侧的各项参数如图 6-47 所示。

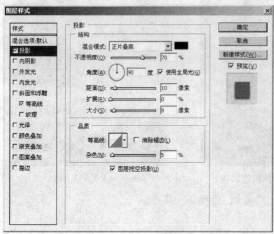

图6-46 设置的投影参数

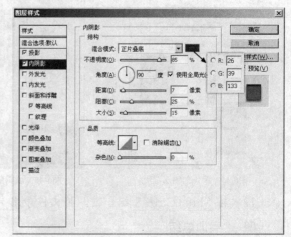

图6-47 设置的内阴影参数

5. 单击【外发光】选项将其选中，然后设置右侧的各项参数及外发光颜色如图 6-48 所示。

6. 单击【内发光】选项将其选中，然后设置右侧的各项参数及内发光颜色如图 6-49 所示。

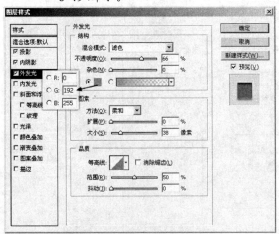

图6-48　设置的外发光参数

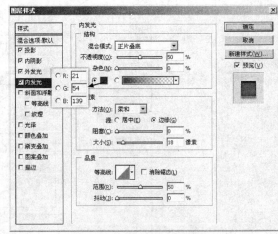

图6-49　设置的内发光参数

7. 单击【斜面和浮雕】选项将其选中，然后设置右侧的各项参数如图 6-50 所示。

8. 单击【斜面和浮雕】下方的【等高线】选项，然后在其右侧参数设置区中单击 ▣ 图标（注意不是倒三角按钮），在弹出的【等高线编辑器】对话框中设置线形形态如图 6-51 所示。

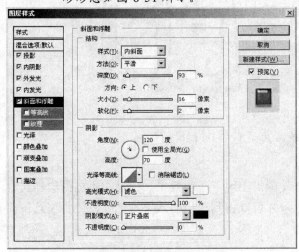

图6-50　设置的斜面和浮雕参数

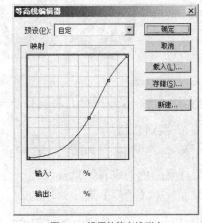

图6-51　设置的等高线形态

9. 单击 ▭确定▭ 按钮，完成等高线的设置，然后设置【范围】的参数如图 6-52 所示。

10. 单击【颜色叠加】选项将其选中，然后设置叠加的颜色如图 6-53 所示。

图6-52　设置的等高线参数

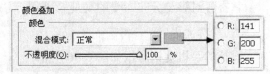

图6-53　设置的叠加颜色

11. 单击【光泽】选项将其选中，然后设置右侧的各项参数及光泽的颜色如图 6-54 所示。

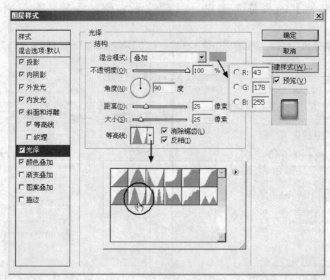

图6-54　设置的光泽参数及颜色

12. 单击 确定 按钮，完成图层样式的添加，制作出的效果字如图 6-55 所示。

图6-55　制作出的效果字

13. 按 Ctrl+S 组合键，将制作的效果字命名为"实训 04.psd"保存。

四、 实训总结

在效果字的制作过程中，图层样式的添加使图形出现了透明效果，但是在添加图层样式时一定要注意颜色的设置，只有设置正确的颜色，才可以得到理想的效果。此外，还要注意各参数设置面板中【角度】选项的控制。

实训 5——图层的对齐与分布

本实训将灵活运用图层的对齐与分布功能来设计手机促销海报。

一、 实训目的

掌握各对齐与分布命令的功能及使用方法。

二、 实训内容

设计的手机促销海报如图 6-56 所示。

三、 操作步骤

1. 打开素材文件中名为"海报.psd"的文件，如图 6-57 所示。

图6-56　设计的海报

图6-57　打开的图片

2.　选择▢工具，激活属性栏中的██按钮，并将半径: 10 px 的参数设置为"10 px"，然后绘制出如图 6-58 所示的圆角矩形路径。

图6-58　绘制的路径

3.　继续利用▢工具，绘制出如图 6-59 所示的圆形路径。

图6-59　绘制的路径

4.　利用▶工具，将两条路径同时选择，再依次单击属性栏中的██和██按钮，将选择的路径居中对齐，对齐后的路径形态如图 6-60 所示。

图6-60　对齐后的路径形态

5. 按 Ctrl + Enter 组合键，将路径转换为选区，然后新建"图层 1"，并为选区填充浅灰色（R:235,G:230,B:230），按 Ctrl + D 组合键将选区去除后的效果如图 6-61 所示。

图6-61 填充颜色后的效果

6. 执行【图层】/【图层样式】/【斜面和浮雕】命令，在弹出的【图层样式】对话框中设置各项参数如图 6-62 所示。

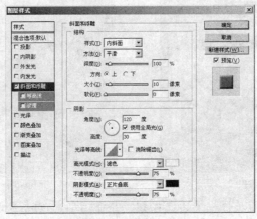

图6-62 【图层样式】对话框

7. 单击 确定 按钮，添加斜面和浮雕样式后的图形效果如图 6-63 所示。

图6-63 添加斜面和浮雕样式后的效果

8. 选择 ⬭ 工具，激活属性栏中的 按钮，然后按住 Shift 键绘制出如图 6-64 所示的圆形路径。

9. 选择 ↖ 工具，按住 Shift + Alt 组合键，在圆形路径上按住鼠标左键并向下拖曳，将圆形路径垂直向下移动复制，状态如图 6-65 所示。

10. 将两个圆形路径同时选择，再按 Ctrl + Enter 组合键将路径转换为选区，然后为选区填充上浅灰色（R:235,G:230,B:230），效果如图 6-66 所示。

图6-64 绘制的路径

图6-65 复制出的路径

图6-66 填充颜色后的效果

11. 用移动复制图形的方法，将选区中的图形水平向右移动复制，去除选区后的效果如图 6-67 所示。

图6-67 复制出的图形

12. 选择 \ 工具，在圆角矩形的内部单击鼠标左键，添加如图 6-68 所示的选区。

图6-68 添加的选区形态

13. 选择 工具，并单击属性栏中 右侧的 按钮，在弹出的【渐变样式】面板中选择 "橙色、黄色、橙色" 渐变样式。

14. 新建 "图层 2"，按住 Shift 键在选区内由上至下拖曳鼠标光标，填充渐变色，去除选区后的效果如图 6-69 所示。

图6-69 填充渐变色后的效果

15. 利用 T 工具，输入如图 6-70 所示的红色（R:230,G:35,B:20）文字。

图6-70 输入的文字

16. 执行【图层】/【图层样式】/【斜面和浮雕】命令，在弹出的【图层样式】对话框中设置各项参数如图 6-71 所示。

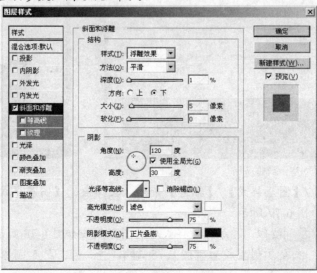

图6-71 【图层样式】对话框

17. 单击 确定 按钮，添加斜面和浮雕样式后的文字效果如图 6-72 所示。

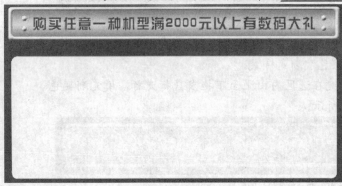

图6-72　添加斜面和浮雕样式后的文字效果

18. 新建"图层 3",将前景色设置为白色。

19. 选择 ▭ 工具,激活属性栏中的 ▭ 按钮,并将 半径: [20 px] 的参数设置为"20 px",然后绘制出如图 6-73 所示的白色圆角矩形。

20. 执行【图层】/【图层样式】/【描边】命令,在弹出的【图层样式】对话框中设置各项参数如图 6-74 所示,然后单击 确定 按钮。

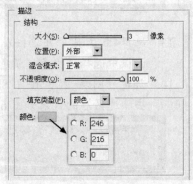

图6-73　绘制的图形　　　　　　　　　　　　图6-74　【图层样式】对话框

21. 新建"图层 4",然后利用 ▭ 工具,绘制出如图 6-75 所示的红色(R:230,G:15,B:15)矩形。

22. 新建"图层 5",利用 ◯ 工具绘制出如图 6-76 所示的白色椭圆形。

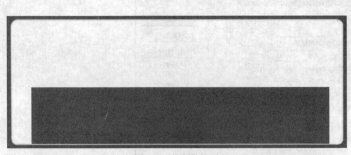

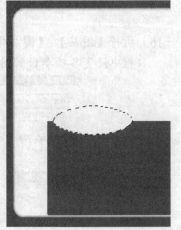

图6-75　绘制的矩形　　　　　　　　　　　　图6-76　绘制的椭圆形

23. 执行【图层】/【图层样式】/【描边】命令,在弹出的【图层样式】对话框中设置各项参数如图 6-77 所示。

24. 单击 确定 按钮,添加描边样式后的图形效果如图 6-78 所示。

25. 将"图层 5"依次复制生成为"图层 5 副本"~"图层 5 副本 5"层,如图 6-79 所示。

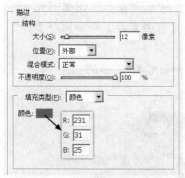

图6-77　【图层样式】对话框

图6-78　添加描边样式后的效果

图6-79　复制出的图层

26. 利用 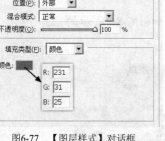工具，将"图层 5 副本 5"中的图形水平向右移动至如图 6-80 所示的位置。

图6-80　图形移动后的位置

27. 将"图层 5"～"图层 5 副本 5"同时选择，然后单击属性栏中的 按钮，将选择的图形水平居中分布，效果如图 6-81 所示。

图6-81　居中分布后的图形效果

28. 新建"图层 6"，将前景色设置为黄色（R:245,G:215）。

29. 选择 工具，激活属性栏中的 按钮，并单击属性栏中的 按钮，在弹出的【自定形状】面板中选择如图 6-82 所示的形状图形。

30. 在画面中绘制出如图 6-83 所示的"箭头"图形，然后执行【编辑】/【变换】/【旋转 90 度（逆时针）】命令，将箭头图形逆时针旋转。

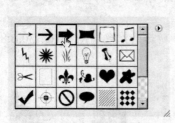

图6-82　【自定形状】面板

图6-83　绘制的图形

31. 用与步骤 25～27 相同的方法，依次复制出如图 6-84 所示的箭头图形。

图6-84　复制出的箭头图形

32. 打开素材文件中名为"手机.psd"的文件，将"图层 1"中的"手机"图像移动复制到新建文件中，生成"图层 7"，并执行【编辑】/【自由变换】命令，将其调整至如图 6-85 所示的大小。

33. 按 Enter 键确认手机图像的变换操作，然后将其移动至如图 6-86 所示的位置。

图6-85 调整后的手机形态

图6-86 手机放置的位置

34. 用相同的移动复制手机图像并调整大小的方法，依次将"手机.psd"文件中的其他手机移动复制到新建文件中，生成"图层 8"～"图层 12"，然后将其调整大小后分别放置到如图 6-87 所示的位置。

图6-87 手机放置的位置

35. 将"图层 7"～"图层 12"同时选择，然后单击属性栏中的 按钮，将选择的手机以底部对齐。

36. 利用 T 工具在各手机的右侧依次输入如图 6-88 所示的红色（R:230,G:130,B:85）文字。

图6-88 输入的文字

37. 将步骤 36 中输入文字生成的图层同时选择，然后依次单击属性栏中的 和 按钮，将选择的文字分别以顶部对齐和水平居中分布，效果如图 6-89 所示。

图6-89　对齐后的文字效果

38. 利用 $\boxed{T}$ 工具，依次输入如图 6-90 所示的红色（R:230,G:130,B:85）文字。

图6-90　输入的文字

39. 新建"图层 13"，利用 圆 工具依次绘制红色（R:230,G:45,B:15）圆形，然后执行【图层】/【图层样式】/【投影】命令，在弹出的【图层样式】对话框中设置各项参数如图 6-91 所示。

40. 单击 确定 按钮，添加投影样式后的图形效果如图 6-92 所示。

41. 新建"图层 14"，利用 和 工具，依次绘制并调整出如图 6-93 所示的渐粉色（R:245,G:155,B:115）图形。

图6-91　【图层样式】对话框　　　图6-92　添加投影样式后的效果　　　图6-93　绘制的图形

42. 利用 $\boxed{T}$ 工具，输入如图 6-94 所示的白色文字。

43. 新建"图层 15"，利用 矩形 工具依次绘制绿色（R:65,G:175,B:55）矩形，然后执行【图层】/【图层样式】/【混合选项】命令，在弹出的【图层样式】对话框中设置各项参数如图 6-95 所示。

 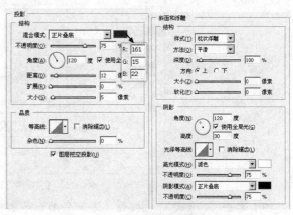

图6-94　输入的文字　　　　　　　　　　　图6-95　【图层样式】对话框

44. 单击　　确定　　按钮，添加图层样式后的图形效果如图 6-96 所示。

图6-96　添加图层样式后的图形效果

45. 利用 和 工具依次绘制出如图 6-97 所示的路径，然后按 Ctrl＋Enter 组合键
    将路径转换为选区。

46. 新建"图层 16"，为选区填充黄色（R:246,G:216），然后将其调整至如图 6-98
    所示的位置。

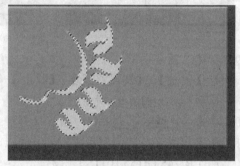

图6-97　绘制的路径　　　　　　　　　　　　　　图6-98　调整后的位置

47. 将选区内的图像移动复制，然后将复制出的花纹图像水平翻转，并将其向左调
    整位置，去除选区后的效果如图 6-99 所示。

图6-99　花纹放置的位置

48. 执行【图层】/【图层样式】/【斜面和浮雕】命令，在弹出的【图层样式】对话
    框中设置各项参数如图 6-100 所示。

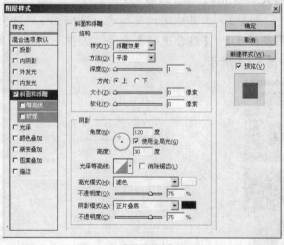

图6-100　【图层样式】对话框

49. 单击　　确定　　按钮，添加斜面和浮雕样式后的图形效果如图 6-101 所示。

图6-101　添加斜面和浮雕样式后的效果

50. 利用 T 工具，依次输入如图 6-102 所示的黄色（R:245,G:215,B:10）文字。

图6-102　输入的文字

51. 将"图层 16"设置为当前层，然后执行【图层】/【图层样式】/【拷贝图层样式】命令，将"图层 16"中的图层样式复制到剪贴板中。

52. 将步骤 50 中入的文字层设置为当前层，然后执行【图层】/【图层样式】/【粘贴图层样式】命令，将剪贴板中的图层样式粘贴到选择的文字层中，效果如图 6-103 所示。

图6-103　粘贴图层样式后的文字效果

53. 用输入文字并添加斜面和浮雕效果的方法，在左侧的绿色矩形上依次输入文字并添加斜面和浮雕效果，如图 6-104 所示。

54. 利用 T 工具，输入如图 6-105 所示的红色（R:230,G:30,B:25）文字，其描边颜色为白色，描边宽度为"2 像素"。

图6-104　制作出的文字效果

图6-105　输入的文字

55. 至此，海报已设计完成，按 Shift + Ctrl + S 组合键，将此文件命名为"实训 05.psd"另存。

四、 实训总结

在海报的制作过程中，主要练习了图层的对齐与分布操作，注意，要执行【对齐】命令，必须先在【图层】面板中选择两个或两个以上的图层；要执行【分布】命令，必须先在【图层】面板中选择 3 个或 3 个以上的图层，且不能包含背景层。

第7章 通道和蒙版的应用

通道和蒙版在图像处理与合成的过程中起着非常重要的作用，特别是在创建和保存特殊选区及制作特殊效果方面更有其独特的灵活性。本章将通过3个实训来进一步讲解通道和蒙版的使用方法，通过这3个实训，希望大家对通道和蒙版能有更深一层的认识。

实训 1——利用通道抠选头发

本实训将利用通道来选择复杂背景中的人物头发，并介绍应用通道辅助选择图像时的技巧。

一、实训目的

- 掌握【通道】面板的使用。
- 学习利用【通道】面板选择复杂图像的方法。

二、实训内容

利用【通道】面板选择背景中的人物，然后与风景画面合成，素材与合成效果如图7-1所示。

图7-1　素材与合成后的效果

三、操作步骤

1. 按 Ctrl+O 组合键，打开素材文件中名为"风景.jpg"和"儿童.jpg"的文件。
2. 确认"儿童.jpg"文件为工作状态，将"背景"层复制为"背景 副本"层。
3. 打开【通道】面板，然后将"红"通道复制为"红 副本"通道，此时的画面效果及【通道】面板如图7-2所示。

图7-2　复制通道后的画面效果及【通道】面板

4. 按 Ctrl+L 组合键，弹出【色阶】对话框，参数设置如图 7-3 所示。
5. 单击 确定 按钮，调整色阶后的画面效果如图 7-4 所示。

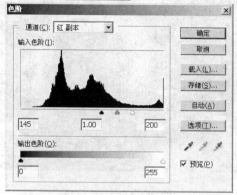

图7-3 【色阶】对话框参数设置　　　　图7-4 调整色阶后的画面效果

6. 将前景色设置为黑色，然后选择 工具，设置合适的笔头大小后，将画面的背景描绘成黑色，绘制前后的效果对比如图 7-5 所示。

图7-5 描绘颜色前后的效果对比

7. 单击【通道】面板底部的 按钮，载入"红 副本"通道的选区，然后单击如图 7-6 所示的"RGB"通道（或按 Ctrl+~ 组合键），转换到 RGB 通道模式。
8. 打开【图层】面板，按 Ctrl+J 组合键，将选区中的图像通过复制生成"图层 1"，【图层】面板如图 7-7 所示。
9. 再次将【通道】面板设置为工作状态，然后将"绿"通道复制生成为"绿 副本"通道，如图 7-8 所示。

图7-6 单击的 RGB 通道　　　图7-7 生成的新图层　　　图7-8 复制出的通道

10. 按 Ctrl+L 组合键，弹出【色阶】对话框，参数设置如图 7-9 所示。单击 确定 按钮，调整色阶后的画面效果如图 7-10 所示。

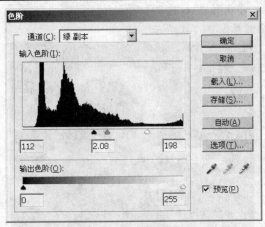
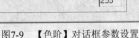

图7-9　【色阶】对话框参数设置

图7-10　调整色阶后的效果

11. 再次利用 ✏️ 工具为画面背景描绘黑色，最终效果如图 7-11 所示。

12. 单击 ⬭ 按钮，载入"绿 副本"通道的选区，然后单击"RGB"通道，转换到 RGB 通道模式。

13. 打开【图层】面板，将"背景 副本"层设置为工作层，然后按 Ctrl+J 组合键，将选区中的图像通过复制生成"图层 2"。

14. 在【图层】面板中将"图层 2"的图层混合模式设置为"滤色"，将"图层 1"的图层混合模式设置为"柔光"，如图 7-12 所示。

图7-11　描绘黑色后的画面效果

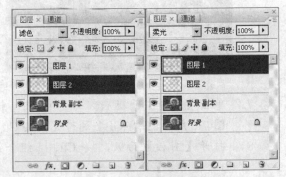

图7-12　设置的图层混合模式

15. 在【图层】面板中，将"图层 1"复制为"图层 1 副本"层，并将图层混合模式设置为"正常"，【不透明度】设置为"50%"。

16. 将"风景.jpg"文件设置为工作状态，然后利用 ✥ 工具将风景图片移动复制到"儿童.jpg"文件中，并将生成的"图层 3"调整到"图层 2"的下方，再将"背景 副本"层调整到"图层 1 副本"层的上方，此时的【图层】面板如图 7-13 所示。

图7-13　调整图层堆叠顺序后的效果

17. 单击 ⬛ 按钮，为"背景 副本"层添加图层蒙版，然后确认前景色为黑色，利用 ✏️ 工具在画面中的背景位置拖曳编辑蒙版，将背景屏蔽掉。

在进行蒙版编辑时，对于背景中远离人物边缘的位置，可以使用较大的画笔进行编辑，而对于人物轮廓的边缘位置，就需要用笔头较小的画笔进行仔细的编辑，如图 7-14 所示。

图7-14　编辑蒙版时的状态

另外，在编辑蒙版时，还需要注意结合属性栏中【不透明度】参数的设置，以利于人物边缘虚实的变化表现。在人物的边缘位置如果不小心编辑成了透明效果，可以将前景色设置为白色进行编辑补救，以显示出被屏蔽的图像。

18.　此实例最终编辑完成的效果如图 7-1 所示。按 $\boxed{Shift}+\boxed{Ctrl}+\boxed{S}$ 组合键，将其命名为"实训 01.psd"另存。

四、　实训总结

在利用【通道】面板选择复杂的图像时要注意在通道中对画面进行明暗的调整，如果明暗关系较为复杂，可以辅助画笔及选区工具进行黑色和白色的绘制，通道中的白色区域是需要添加选区的部分。

实训 2——利用通道制作发射光线效果

本实训将通过制作手机广告中的发射光线效果来进一步介绍通道的应用。

一、　实训目的

- 掌握通道的作用及通道和选区的相互转换操作。
- 了解部分【滤镜】命令的运用。

二、　实训内容

利用通道制作发射光线效果，然后设计出如图 7-15 所示的手机广告。

图7-15　制作的发射光线效果及设计的手机广告

三、操作步骤

1. 新建一个【宽度】为"15 厘米",【高度】为"7 厘米",【分辨率】为"200 像素/英寸",【颜色模式】为"RGB 颜色",【背景内容】为"黑色"的文件。

2. 执行【滤镜】/【渲染】/【镜头光晕】命令,弹出【镜头光晕】对话框,在对话框中点选【105 毫米聚焦】单选按钮,然后在灯光预览区中的左侧位置单击,设置主灯光的位置,再设置【亮度】选项的参数如图 7-16 所示。

3. 单击 确定 按钮,添加的镜头光晕效果如图 7-17 所示。

图7-16　选项及参数设置

图7-17　添加的镜头光晕效果

4. 打开【通道】面板,单击 按钮,创建一个新的通道"Alpha 1",如图 7-18 所示。

5. 将前景色设置为白色,选择 工具,并在画面中单击鼠标右键,弹出笔头设置面板,选择如图 7-19 所示大小的笔头。

图7-18　创建的新通道

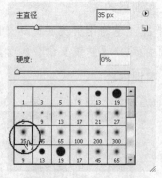

图7-19　选择画笔笔头状态

6. 利用设置的画笔笔头在画面中依次绘制出如图 7-20 所示的白色线条。

 注意此时绘制的线条不是在图层中而是在新建的通道中。另外,在绘制线条时不必和本例给出的完全相同,只要相似即可。

7. 执行【滤镜】/【扭曲】/【波纹】命令,弹出【波纹】对话框,选项及参数设置如图 7-21 所示。

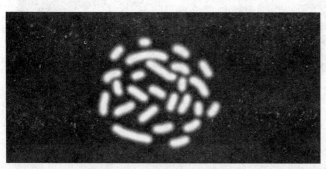

图7-20　绘制出的白色线条

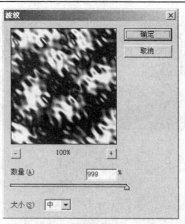

图7-21　【波纹】对话框

8.　单击 确定 按钮，绘制的白色线条扭曲后的效果如图 7-22 所示。

9.　执行【滤镜】/【模糊】/【径向模糊】命令，弹出【径向模糊】对话框，点选【缩放】单选按钮，然后设置【数量】参数如图 7-23 所示。

图7-22　线条扭曲后的效果

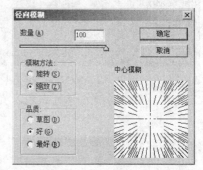

图7-23　【径向模糊】对话框

10.　单击 确定 按钮，径向模糊后的图像效果如图 7-24 所示。

11.　依次按 Ctrl+F 组合键，重复执行【径向模糊】命令，直至出现如图 7-25 所示的发射光线效果。

图7-24　径向模糊后的效果

图7-25　制作的发射光线效果

12.　按住 Ctrl 键，单击【通道】面板中的 "Alpha 1" 通道，添加选区，然后切换到【图层】面板，新建 "图层 1"。

13.　将前景色设置为紫色（R:217,G:140,B:204），然后为选区填充设置的前景色，画面效果如图 7-26 所示。

14.　依次按 Alt+Delete 组合键，重复为选区填充颜色，直至出现如图 7-27 所示的效果，再按 Ctrl+D 组合键去除选区。

图7-26　填充颜色后的效果

图7-27　重复填充颜色后的效果

15. 用与上面制作发射光线效果相同的方法，在【通道】面板中新建 "Alpha 2"，并制作一个比 "Alpha 1" 通道中小一些的光线效果，如图 7-28 所示。

16. 按住 Ctrl 键，单击 "Alpha 2" 通道，添加选区，回到【图层】面板后新建 "图层 2"，并为选区填充白色，效果如图 7-29 所示。

图7-28　制作的发射光线效果

图7-29　填充白色后的效果

17. 再次为选区填充白色，直至出现如图 7-30 所示的效果，按 Ctrl+D 组合键去除选区。

18. 在【图层】面板中将 "图层 1" 和 "图层 2" 同时选择，然后将发射光线效果向左调整至如图 7-31 所示的位置。

图7-30　填充白色后的效果

图7-31　移动后的位置

19. 新建 "图层 3"，利用 工具绘制出如图 7-32 所示的圆形选区。

20. 执行【编辑】/【描边】命令，将【描边】颜色设置为白色，然后设置其他选项如图 7-33 所示。

图7-32　绘制的圆形选区

图7-33　【描边】对话框

21. 单击 确定 按钮，为圆形选区描绘白色边缘，效果如图 7-34 所示。

22. 按 Ctrl+D 组合键去除选区，然后执行【滤镜】/【模糊】/【高斯模糊】命令，弹出【高斯模糊】对话框，参数设置如图 7-35 所示。

图7-34　描边后的效果

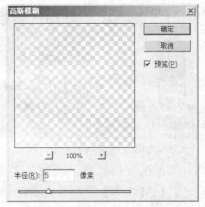

图7-35　【高斯模糊】对话框

23. 单击 确定 按钮，描边图形模糊后的效果如图 7-36 所示。

24. 将"图层 3"复制为"图层 3 副本"层，然后将复制出的描边图形向中心缩小至如图 7-37 所示的大小。

图7-36　模糊后的效果

图7-37　复制图形调整后的大小

25. 按 Ctrl+O 组合键，打开素材文件中名为"标志.psd"和"手机.psd"的文件。

26. 利用 工具将打开的标志和手机图片依次移动复制到新建的文件中，并分别调整至如图 7-38 所示的大小及位置。

27. 利用 T 工具输入如图 7-39 所示的白色文字，字体为"方正流行体简体"。

图7-38　标志和手机调整后的位置

图7-39　输入的文字

28. 利用 T 工具将"牛"字选择并将字号调大，效果如图 7-40 所示。

29. 按 Ctrl+T 组合键，为文字添加自由变换框，然后按住 Shift+Ctrl 组合键，并将鼠标光标放置到变换框右侧中间的控制点上，按下鼠标左键并向上拖曳，将文字调整至如图 7-41 所示的倾斜形态。

图7-40 调整字号后的效果

图7-41 调整文字时的状态

30. 单击属性栏中的 ✓ 按钮，完成文字的变换操作，然后执行【图层】/【图层样式】/【投影】命令为文字添加投影效果，参数设置如图 7-42 所示。

31. 用与添加文字相同的方法，在白色的文字上方制作黄色文字，并为其添加黑色的描边效果，如图 7-43 所示。

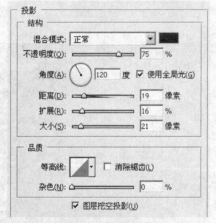

图7-42 设置的投影参数

图7-43 输入的文字

32. 至此，手机广告设计完成，按 Ctrl+S 组合键，将此文件命名为"实训 02.psd"保存。

四、 实训总结

在制作发射光线效果的过程中，开始利用【画笔】工具在通道中绘制白色线条时，所绘制的白色线条不需要有一定的规律，其粗细、长短可以随意一些，只要不顺着同一个方向来绘制即可。另外，在执行【径向模糊】命令时，根据通道中绘制的白色线条在画面的位置，在【径向模糊】对话框中可以设置模糊中心的位置，设置不同的中心位置，其模糊后白色线条产生的模糊方向会有所不同，读者可自行练习。

实训 3——利用蒙版合成图像

本实训将通过两个图像的合成，来进一步认识蒙版的作用和功能。

一、 实训目的

- 掌握蒙版的使用方法。
- 理解蒙版的作用和功能。

二、 实训内容

将两个图像进行组合后添加蒙版，完成如图 7-44 所示的图像合成效果。

图7-44 合成后的图像整体效果

三、 操作步骤

1. 新建一个【宽度】为 "20 厘米"，【高度】为 "15 厘米"，【分辨率】为 "200 像素/英寸"，【颜色模式】为 "RGB 颜色"，【背景内容】为 "白色" 的文件。

2. 选择 ▢ 工具，单击属性栏中 ▅▅▅▅ 按钮的颜色条部分，弹出【渐变编辑器】窗口，设置渐变颜色参数如图 7-45 所示，然后单击 确定 按钮。

3. 按住 Shift 键，在图像窗口中由上向下拖曳鼠标光标，为 "背景" 层填充渐变色，效果如图 7-46 所示。

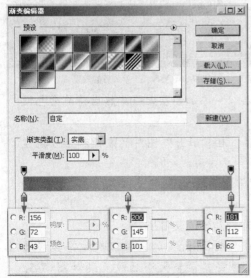

图7-45 【渐变编辑器】窗口

图7-46 填充渐变色后的效果

4. 按 Ctrl+O 组合键,打开素材文件中名为"牡丹.jpg"的文件,然后将其移动复制到新建的文件中生成"图层 1",并将其调整大小后放置到如图 7-47 所示的位置。

5. 按 Ctrl+M 组合键,在弹出的【曲线】对话框中调整曲线形态,如图 7-48 所示。

图7-47 图片放置的位置　　　　　　　　　　　图7-48 【曲线】对话框

6. 单击 确定 按钮,调整后的图像效果如图 7-49 所示。

7. 将"图层 1"的图层混合模式设置为"正片叠底",更改混合模式后的效果如图 7-50 所示。

图7-49 调整曲线后的效果　　　　　　　　　　图7-50 更改混合模式后的效果

8. 单击【图层】面板下方的 按钮,为"图层 1"添加图层蒙版,然后将前景色设置为黑色。

9. 选择 工具,设置合适大小的虚化笔头后,在"牡丹"图片的左侧和上方拖曳鼠标光标,描绘黑色编辑蒙版。

10. 通过编辑蒙版,可以看出"牡丹"图片已很好地融合到背景图像中了,效果如图 7-51 所示。

下面再利用相同的方法,将另一幅人物图像合并到新建的文件中。

11. 按 Ctrl+O 组合键,打开素材文件中名为"人物.jpg"的文件,然后将其移动复制到新建的文件中,生成"图层 2",并将其调整大小后放置到如图 7-52 所示的位置。

图7-51　编辑蒙版后的效果　　　　　　　　　　　　　　　图7-52　图片放置的位置

12. 单击【图层】面板下方的 ◎ 按钮，为 "图层 2" 添加图层蒙版，然后选择 ✐ 工
　　具，设置合适的笔头大小后在两幅图像的交界位置拖曳鼠标光标，描绘黑色编
　　辑蒙版，效果如图 7-53 所示。

 在编辑蒙版时一定要仔细拖曳，以制作出逼真的合成效果。在人物的边缘位置如果不小心编辑成了
透明效果，可以将前景色设置为白色，然后在要显示的位置拖曳，将其再次显示即可。

13. 利用 T 工具，输入如图 7-54 所示的白色文字，然后执行【图层】/【栅格化】/
　　【文字】命令，将文字层转换为普通图层。

图7-53　编辑蒙版后的效果　　　　　　　　　　　　　　　图7-54　输入的文字

14. 利用 ▢ 工具绘制矩形选区，将 "唐" 字选择，然后利用 ⊕ 工具，将其移动至
　　如图 7-55 所示的位置。

15. 继续利用 ▢ 工具绘制矩形选区，将 "韵" 字选择，然后执行【编辑】/【自由变
　　换】命令，将其调整大小后放置到如图 7-56 所示的位置。

图7-55　文字放置的位置　　　　　　　　　　　　　　　图7-56　文字放置的位置

16. 用与步骤 14~15 相同的方法，依次对"古"字和"风"字进行选择并调整，调整后的文字形态如图 7-57 所示。

17. 选择 █ 工具，并激活属性栏中的 █ 按钮，然后在【渐变编辑器】窗口中设置渐变颜色参数如图 7-58 所示，再单击 确定 按钮。

图7-57 调整后的文字形态

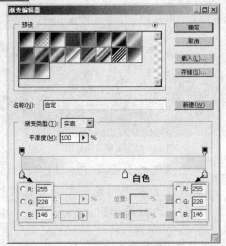

图7-58 【渐变编辑器】窗口

18. 单击【图层】面板上方的 █ 按钮，锁定"唐韵古风"层中的透明像素，然后在文字的中间位置，按住鼠标左键并向右下方拖曳，为文字填充径向渐变色，效果如图 7-59 所示。

19. 执行【图层】/【图层样式】/【投影】命令为文字添加投影效果，参数设置及添加的投影效果如图 7-60 所示。

图7-59 填充渐变色后的效果

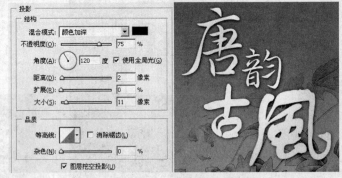

图7-60 投影参数设置及添加的投影效果

20. 至此，图像合成完成，按 Ctrl+S 组合键，将此文件命名为"实训 03.psd"保存。

四、 实训总结

在本实训的图像合成效果制作中，主要学习了蒙版的使用方法，利用蒙版并结合画笔工具可以制作出逼真的图像合成效果。另外，利用蒙版并结合渐变工具，可制作出非常平滑的过渡合成效果。

第8章 图像编辑

【编辑】菜单中的命令都是进行图像处理时常常使用的基本命令，其中的复制、粘贴、描边、填充、变换等命令，是进行图像处理时非常重要的命令，本章将针对复制和粘贴命令以及图像的变换命令进行详细的讲解。

实训 1——复制和贴入命令

本实训将通过一幅图像的合成，来练习复制、粘贴和贴入命令的使用。

一、 实训目的

- 掌握复制图像操作。
- 掌握【粘贴】和【贴入】命令的使用。

二、 实训内容

利用图像的复制、粘贴和贴入命令将图像进行合成，制作出如图 8-1 所示的图像效果。

图8-1 图像合成后的效果

三、 操作步骤

1. 打开素材文件中名为"背景.jpg"和"照片 01.jpg"的文件，如图 8-2 所示。

图8-2 打开的文件

2. 确认"照片 01.jpg"文件为工作状态，执行【选择】/【全部】命令，将整体图像选择，然后执行【编辑】/【拷贝】命令，将选择的图像复制到剪贴板中。

3. 将"背景.jpg"文件设置为工作状态，执行【编辑】/【粘贴】命令，将复制到剪贴板中的图像粘贴到当前文件中，如图 8-3 所示。

4. 按 $\boxed{\text{Ctrl}}+\boxed{\text{T}}$ 组合键为粘贴的图像添加自由变换框，然后将图像调整至如图 8-4 所示的大小及位置。

图8-3 粘贴出的图像

图8-4 图像调整后的大小及位置

5. 单击 ✔ 按钮，确认图像的大小及位置调整，然后打开素材文件中名为"照片 02.jpg"的文件，如图 8-5 所示。

6. 执行【选择】/【全部】命令，将图像整体选择，然后执行【编辑】/【拷贝】命令，将选择的图像复制到剪贴板中。

7. 将"背景.jpg"文件设置为工作状态，然后选择 ✎ 工具，并将属性栏中 容差: 5 的参数设置为"5"。

8. 在【图层】面板中将"背景"层设置为工作层，然后将鼠标光标移动到如图 8-6 所示的位置单击，创建如图 8-7 所示的圆形选区。

图8-5 打开的图片

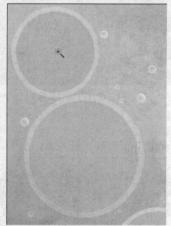
图8-6 鼠标光标放置的位置

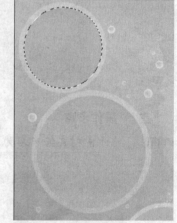
图8-7 创建的选区

9. 执行【编辑】/【贴入】命令，即可将刚才复制的图像贴入创建的选区中，且选区自动去除，如图 8-8 所示。

10. 此时将在【图层】面板中自动生成带有图层蒙版的"图层 2"，如图 8-9 所示。

11. 按 $\boxed{\text{Ctrl}}+\boxed{\text{T}}$ 组合键，为粘贴到选区内的图像添加自由变换框，然后将其调整至如图 8-10 所示的大小及位置。

图8-8　图像贴入选区后的效果

图8-9　生成的图层

图8-10　图像调整后的大小及位置

12. 单击属性栏中的 ✓ 按钮，确认图像的大小及位置调整。

13. 打开素材文件中名为"照片 02.jpg"和"照片 03.jpg"的文件，如图 8-11 所示。

图8-11　打开的图片

14. 用与步骤 6～12 相同的方法，分别将打开的图像文件贴入指定的选区内，并调整至合适的大小，最终效果如图 8-12 所示。

15. 按 Shift+Ctrl+S 组合键，将此文件命名为"实训 01.psd"另存。

四、实训总结

在进行图像的合成时，主要运用了【拷贝】、【粘贴】和【贴入】命令。需要注意的是，在使用【贴入】命令时，必须要有选区存在，否则此命令不能使用。另外，在创建选区之前，要注意"背景"层的选择，否则不能创建出需要的选区。

实训 2——【变换】命令的应用

本实训将通过制作一个包装盒的立体效果，来讲解【变换】命令的灵活运用。

图8-12　贴入图像后的效果

一、　实训目的

- 掌握各种【变换】命令的灵活运用。
- 掌握制作立体效果的方法。
- 掌握制作倒影效果的方法。

二、　实训内容

灵活运用【变换】命令在包装平面图的基础上制作出如图 8-13 所示的包装盒立体效果。

图8-13　制作的包装盒立体效果

三、　操作步骤

1. 新建一个【宽度】为 "30 厘米"，【高度】为 "20 厘米"，【分辨率】为 "200 像素/英寸"，【颜色模式】为 "RGB 颜色"，【背景内容】为 "白色" 的文件。
2. 打开素材文件中名为 "包装平面图.jpg " 的文件，然后利用 工具根据添加的参考线选择如图 8-14 所示的正面图形。

图8-14　选择的正面图形

3. 利用 工具将选择的图像移动复制到新建的文件中，然后执行【编辑】/【变换】/【缩放】命令，为图像添加自由变换框。
4. 按住 Shift 键，将鼠标光标放置到变换框右上角的控制点上，按下鼠标左键并向左下方拖曳，将图像等比例缩小调整，状态如图 8-15 所示。
5. 至合适的大小后释放鼠标左键，然后将鼠标光标放置到变换框内按下鼠标左键并拖曳，可调整图像在画面中的位置，如图 8-16 所示。

图8-15　缩小图像时的状态

图8-16　移动图像时的状态

6. 至合适位置后释放鼠标左键，然后执行【编辑】/【变换】/【斜切】命令，并将鼠标光标放置到变换框右侧中间的控制点上，按下鼠标左键并向下拖曳，状态如图 8-17 所示。

7. 执行【编辑】/【变换】/【扭曲】命令，然后将鼠标光标放置到变换框右下角的控制点上按下鼠标左键并向下拖曳，使变形后的图像符合透视形态，状态如图 8-18 所示。

图8-17　倾斜图像时的状态

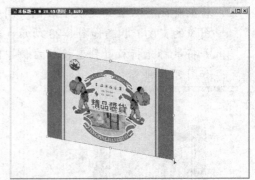

图8-18　扭曲图像时的状态

8. 至合适位置后释放鼠标左键，然后按 Enter 键，确认图像的调整，效果如图 8-19 所示。

9. 再次将"包装平面图.jpg"文件设置为工作状态，然后利用 工具选择如图 8-20 所示的侧面图形。

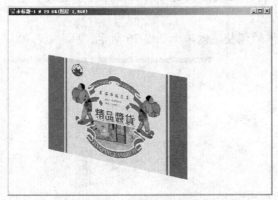

图8-19　图像变形后的形态

图8-20　选择的图像

10. 利用 工具将选择的图像移动复制到新建的文件中，然后将其左侧与正面图形的右侧对齐，如图 8-21 所示。

11. 执行【编辑】/【变换】/【缩放】命令，为图像添加变换框，然后将鼠标光标放置到变换框上方中间的控制点上，按下鼠标左键并向下拖曳，将图像的高度调整至与正面图形相同的高度，状态如图 8-22 所示。

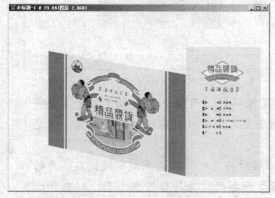

图8-21 侧面图形放置的位置

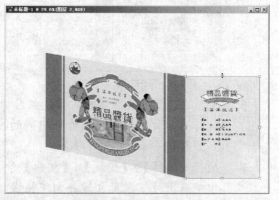

图8-22 调整图像高度时的状态

12. 将鼠标光标放置到变换框右侧中间的控制点上按下鼠标左键并向左拖曳，调整图像的宽度，状态如图 8-23 所示，然后执行【编辑】/【变换】/【斜切】命令，并将鼠标光标放置到变换框右侧中间的控制点上按下鼠标左键向上拖曳，状态如图 8-24 所示。

图8-23 调整图像宽度时的状态

图8-24 斜切图像时的状态

13. 再次执行【编辑】/【变换】/【扭曲】命令，然后将鼠标光标放置到变换框右上角的控制点上按下鼠标左键并稍微向下拖曳，使变形后的图像符合透视形态，状态如图 8-25 所示。

14. 至合适位置后，按 Enter 键确认图像的调整，效果如图 8-26 所示。

图8-25 扭曲变形时的状态

图8-26 侧面图形调整后的形态

15. 执行【图像】/【调整】/【亮度/对比度】命令，弹出【亮度/对比度】对话框，
    设置参数如图 8-27 所示。

16. 单击 确定 按钮，图像降低亮度后的效果如图 8-28 所示。

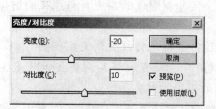

图8-27 【亮度/对比度】对话框　　　　图8-28 图像降低亮度后的效果

17. 用与上面相同的方法，将"包装平面图"中的顶面图形移动复制到新建的文件
    中，然后灵活运用【变换】命令，将其调整至如图 8-29 所示的形态。

18. 按 Enter 键，确认图像的调整，效果如图 8-30 所示。

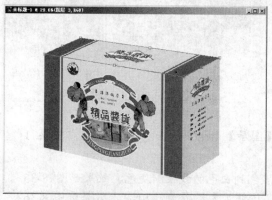

图8-29 顶面图形调整的形态　　　　　　图8-30 调整后的效果

19. 执行【图像】/【调整】/【亮度/对比度】命令，弹出【亮度/对比度】对话框，
    设置参数如图 8-31 所示。

20. 单击 确定 按钮，图像降低亮度后的效果如图 8-32 所示。

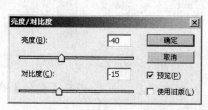

图8-31 【亮度/对比度】对话框　　　　图8-32 图像降低亮度后的效果

立体效果制作完成，下面来制作包装盒的倒影效果。

21. 将"背景"层设置为工作层，然后利用 ▨ 工具为其由上至下填充由黑色到白色的线性渐变色，如图 8-33 所示。

22. 将正面图形所在的"图层 1"设置为工作层，然后将其复制为"图层 1 副本"层。

23. 执行【编辑】/【变换】/【垂直翻转】命令，将复制出的图像在垂直方向上翻转。

24. 利用 ▣ 工具将翻转后的图像向下调整位置，使复制图像的左上角与原正面图像的左下角对齐。

25. 执行【编辑】/【变换】/【斜切】命令，然后将鼠标光标放置到变换框的右侧，当鼠标光标显示为 ▶ 形状时，按下鼠标左键并向下拖曳，将其调整至如图 8-34 所示的形态，使复制图像的上边界与原图像的下边界对齐。

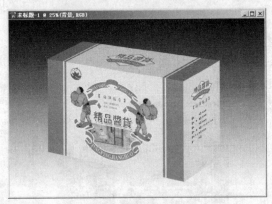
图8-33　制作的渐变背景

图8-34　倾斜变形时的状态

26. 按 Enter 键确认图像的变换，然后在【图层】面板中单击 ▢ 按钮，为"图层 1 副本"层添加图层蒙版。

27. 选择 ▨ 工具，为蒙版自下向上填充由黑色到白色的线性渐变色，效果如图 8-35 所示，然后将"图层 1 副本"层的【不透明度】设置为"20%"，效果如图 8-36 所示。

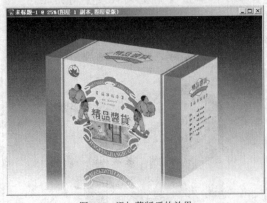
图8-35　添加蒙版后的效果

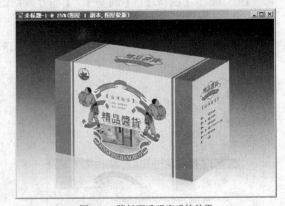
图8-36　降低不透明度后的效果

28. 将侧面图形所在的"图层 2"复制为"图层 2 副本"层，然后利用【变换】命令，将复制出的图像调整至如图 8-37 所示的形态。

29. 用与步骤 26～27 相同的方法，为"图层 2 副本"层添加蒙版，并制作出如图
    8-38 所示的倒影效果。

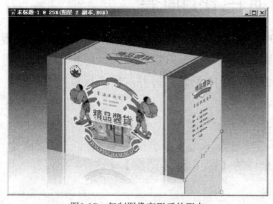

图8-37 复制图像变形后的形态

图8-38 制作的倒影效果

30. 按 Ctrl+S 组合键，将此文件命名为"实训 02.psd"保存。

四、 实训总结

本实训主要灵活运用【变换】命令制作了一个立体包装盒，在制作过程中除要掌握图形的
透视变换外，还要学习物体由于受光不同所产生不同的明暗度调整，读者要多观察、多练习，
将制作立体效果图的方法熟练掌握。

第9章 图像颜色的调整

使用菜单栏中的【图像】/【调整】命令，可以对图像进行颜色、亮度、饱和度、对比度等的调整。利用这些命令可以将黑白照片修改为彩色照片，也可以将彩色照片转换成单色或黑白照片，还可以将照片的色调调整为各种个性色调或非主流色调。另外，需要读者注意的是，在调整图像时要注意选区和图层蒙版的灵活运用。

实训 1——黑白照片的彩色化处理

本实训将通过一幅黑白照片的彩色化调整，来讲解【图像】/【调整】命令的应用。

一、 实训目的

- 掌握利用【通道混合器】命令为图像加色的方法。
- 掌握利用【色相/饱和度】命令调整图像颜色的方法。
- 掌握利用【色彩平衡】命令调整图像颜色的方法。
- 掌握利用【曲线】命令提亮图像的方法。

二、 实训内容

下面利用图像色彩的调整命令，为黑白照片添加颜色，完成黑白照片的彩色化处理。彩色化处理前后的照片对比效果如图 9-1 所示。

图9-1 彩色化处理前后的照片对比效果

三、 操作步骤

1. 打开素材文件中名为"儿童.jpg"的文件。
2. 执行【图像】/【模式】/【CMYK 颜色】命令，将图像文件的颜色模式设置为"CMYK 颜色"模式。
3. 单击【图层】面板下方的 ⊘.按钮，在弹出的菜单中选择【通道混合器】命令，然后在弹出的【通道混合器】对话框中设置各项参数如图 9-2 所示。
4. 单击 确定 按钮，调整各通道的颜色后，图像的显示效果如图 9-3 所示。
5. 单击【图层】面板下方的 ◙ 按钮，为"通道混合器 1"调整层添加图层蒙版，然后利用 ✎ 工具在人物的衣服和帽子区域描绘黑色，使其显示出原来的颜色，效果及【图层】面板如图 9-4 所示。

图9-2　【通道混合器】对话框

图9-3　调整后的效果

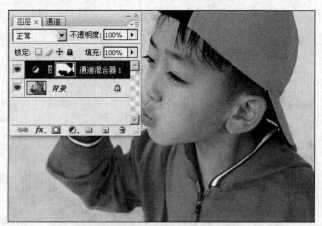

图9-4　还原衣服颜色后的效果

6. 将属性栏中的【不透明度】设置为 "20%"，然后在人物的头部及手位置拖曳鼠标光标，将该区域的部分颜色还原，编辑蒙版后的【图层】面板形态及画面效果如图 9-5 所示。

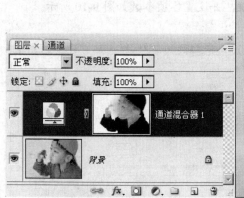

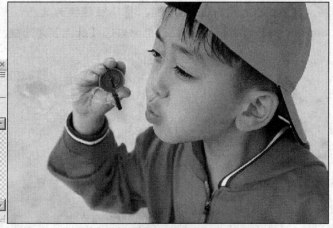

图9-5　编辑蒙版后的【图层】面板及效果

7. 单击【图层】面板下方的 按钮，在弹出的菜单中再次选择【通道混合器】命令，然后在弹出的【通道混合器】对话框中设置各项参数如图 9-6 所示。

图9-6 【通道混合器】对话框

8. 单击 确定 按钮，调整后的图像效果如图 9-7 所示。

9. 单击【图层】面板下方的 ◙ 按钮，为"通道混合器 2"调整层添加图层蒙版，并利用 ✎ 工具在图层蒙版上描绘黑色，注意设置不同的透明度，编辑蒙版后的【图层】面板形态及画面效果如图 9-8 所示。

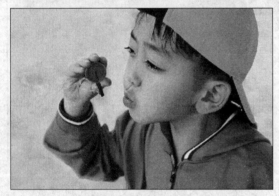

图9-7 调整后的效果

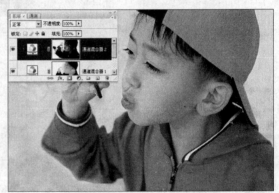

图9-8 编辑蒙版后的【图层】面板及效果

10. 将"背景"层复制生成为"背景 副本"层，然后利用 ◊ 和 ◹ 工具，将帽子图形选择，绘制的钢笔路径如图 9-9 所示。

11. 按 Ctrl + Enter 组合键，将路径转换为选区，然后按 Ctrl + U 组合键，在弹出的【色相/饱和度】对话框中勾选【着色】复选框，并设置各项参数如图 9-10 所示。

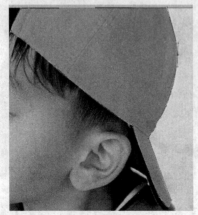

图9-9 绘制的路径

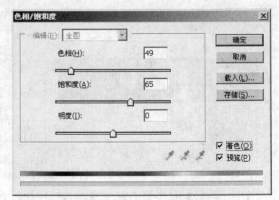

图9-10 【色相/饱和度】对话框

12. 单击 确定 按钮，调整颜色后的帽子效果如图 9-11 所示，然后按 Ctrl + D 组合键，将选区去除。

13. 继续利用 和 ↖ 工具将人物的衣服区域选择，绘制的路径如图 9-12 所示。

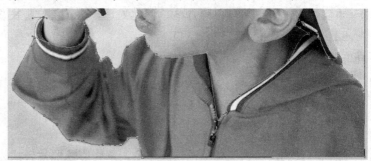

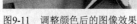

图9-11 调整颜色后的图像效果　　　　　　　　图9-12 绘制的路径

14. 按 Ctrl+Enter 组合键，将路径转换为选区，然后按 Ctrl+B 组合键，弹出【色彩平衡】对话框，设置各项参数如图 9-13 所示。

15. 单击 确定 按钮，调整颜色后的衣服效果如图 9-14 所示。

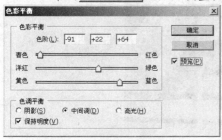

图9-13 【色彩平衡】对话框　　　　　　　　图9-14 调整颜色后的图像效果

16. 按 Ctrl+M 组合键，弹出【曲线】对话框，然后将曲线调整至如图 9-15 所示的形态，即将图像提亮处理。

17. 单击 确定 按钮，图像调整后的效果如图 9-16 所示，然后按 Ctrl+D 组合键，将选区去除。

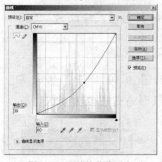

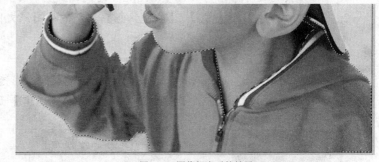

图9-15 调整的曲线形态　　　　　　　　图9-16 图像提亮后的效果

18. 至此，黑白照片彩色化处理操作完成，按 Shift+Ctrl+S 组合键，将此文件命名为 "实训 01.psd" 另存。

四、 实训总结

本实训主要运用色彩调整命令对黑白照片进行了彩色化处理，图像是否精确选择是进行色彩调整的关键。读者在进行其他图片处理时一定要注意画面的明暗程度、色彩的搭配和调整后画面的逼真程度。另外，要注意路径和选区的结合使用，并注意图层蒙版的后期编辑。

实训 2——彩色照片的单色处理

本实训将通过一幅彩色照片的单色化处理，来熟练掌握图像色彩调整命令的使用。

一、 实训目的

- 学习各种图像模式的相互转换。
- 掌握彩色照片转换为单色的调整方法。
- 掌握【图像】/【调整】/【变化】命令的应用。

二、 实训内容

下面主要利用转换图像颜色模式命令，来将彩色照片转换为黑白照片，然后利用【图像】/【调整】/【变化】命令进行单色处理，彩色照片转单色前后的对比效果如图 9-17 所示。

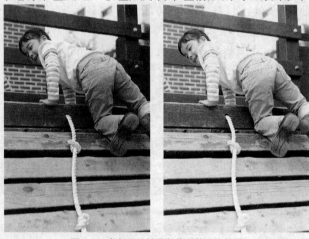

图9-17　彩色照片转单色前后的对比效果

三、 操作步骤

1. 打开素材文件中名为"儿童 01.jpg"的文件。
2. 执行【图像】/【模式】/【Lab 颜色】命令，将图像文件的颜色模式修改为"Lab 颜色"模式。
3. 打开【通道】面板，其面板形态如图 9-18 所示。
4. 将"a"或"b"通道删除，删除后的【通道】面板形态如图 9-19 所示，然后将自动生成的"Alpha 2"通道也删除，最终的【通道】面板形态如图 9-20 所示。

图9-18　【通道】面板

图9-19　删除通道后的面板形态

图9-20　删除通道后的面板形态

5. 执行【图像】/【调整】/【亮度/对比度】命令，在弹出的【亮度/对比度】对话框中设置各项参数如图 9-21 所示。
6. 单击　确定　按钮，调整后的图像效果如图 9-22 所示。

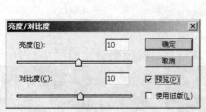

图9-21 【亮度/对比度】对话框

图9-22 调整后的图像效果

7. 执行【图像】/【模式】/【灰度】命令，将图像文件的颜色模式设置为"灰度"模式，然后执行【图像】/【模式】/【RGB 颜色】命令，将图像文件的颜色模式设置为"RGB 颜色"模式。

8. 执行【图像】/【调整】/【变化】命令，在弹出的【变化】对话框中依次单击"加深黄色"和"加深红色"各两次，给图像添加颜色，【变化】对话框如图 9-23 所示。

9. 单击 确定 按钮，调整后的图像效果如图 9-24 所示。

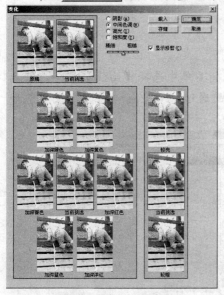

图9-23 【变化】对话框

图9-24 调整后的图像效果

10. 按 Shift+Ctrl+S 组合键，将此文件命名为"实训 02.jpg"另存。

四、 实训总结

本实训主要运用了图像的色彩模式转换将照片原有的色彩进行去除，然后执行【图像】/【调整】/【变化】命令给图像调整出了单色效果。在进行彩色照片单色处理中要注意使用 Lab 模式的转换方法，使用此方法可以有效地去除照片中不需要的杂色，使单色处理后的照片效果清晰明亮。另外，单击【变化】对话框中的不同颜色选项，可将图像调整成各种颜色色调，读者可以自己进行调整查看效果。

实训 3——调制个性色调

本实训将通过一幅彩色照片的个性色调处理，来介绍调整层的灵活运用。

一、实训目的

- 掌握个性色调的调制方法。
- 掌握调整层和填充层的灵活运用。

二、实训内容

下面主要利用调整层来对照片进行个性色调调整，调整前后的效果对比如图 9-25 所示。

图9-25　个性色调调整前后的对比效果

三、操作步骤

1. 打开素材文件中名为"人物.jpg"的文件。
2. 单击【图层】面板下方的 按钮，在弹出的菜单中选择【曲线】命令，然后在弹出的【曲线】对话框中依次选择不同的通道，并分别调整各曲线形态如图 9-26 所示。

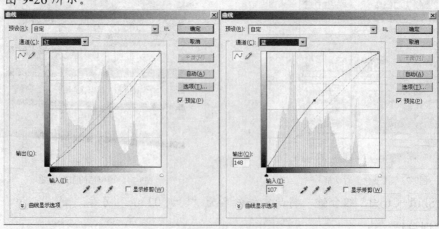

图9-26　【曲线】对话框

3. 单击 确定 按钮，调整后的图像效果如图 9-27 所示。
4. 单击【图层】面板下方的 按钮，为"曲线 1"调整层添加图层蒙版，并利用 工具在图层蒙版上描绘黑色，将人物通过蒙版显示出来，编辑蒙版后的【图层】面板形态及画面效果如图 9-28 所示。

图9-27 调整后的效果

图9-28 编辑蒙版后的效果

5. 再次单击 按钮，在弹出的菜单中选择【照片滤镜】命令，然后在弹出的【照片滤镜】对话框中选择"加温滤镜(85)"，并设置【浓度】参数如图 9-29 所示。

6. 单击 确定 按钮，调整后的图像效果如图 9-30 所示。

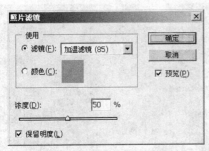

图9-29 【照片滤镜】对话框

图9-30 调整后的效果

7. 单击 按钮，为"照片滤镜 1"调整层添加图层蒙版，并利用 工具在图层蒙版上描绘黑色，将人物中除头发位置外的其他区域通过蒙版显示出来，编辑蒙版后的【图层】面板形态及画面效果如图 9-31 所示。

8. 单击 按钮，在弹出的菜单中选择【色阶】命令，然后在弹出的【色阶】对话框中设置各项参数如图 9-32 所示。

图9-31 编辑蒙版后的效果

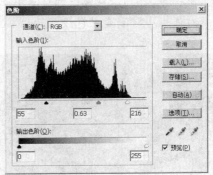

图9-32 【色阶】对话框

9. 单击 确定 按钮，调整后的图像效果如图 9-33 所示。

10. 单击 按钮，为"色阶 1"调整层添加图层蒙版，并利用 工具在图层蒙版上描绘黑色，将人物通过蒙版显示出来，编辑蒙版后的【图层】面板形态及画面效果如图 9-34 所示。

图9-33　调整后的效果

图9-34　编辑蒙版后的效果

11. 新建"图层 1"，利用 🖌 工具在画面中喷绘出如图 9-35 所示的橘黄色
（R:255,G:155）。

12. 将"图层 1"的图层混合模式设置为"颜色加深"，更改混合模式后的效果如图
9-36 所示。

图9-35　喷绘的颜色

图9-36　更改混合模式后的效果

13. 单击 ▣ 按钮，为"图层 1"添加图层蒙版，并利用 🖌 工具在图层蒙版上描
绘黑色，将人物及左侧的台阶区域通过蒙版显示出来，编辑蒙版后的效果如
图 9-37 所示。

14. 单击 ◉ 按钮，在弹出的菜单中选择【渐变】命令，然后在弹出的【渐变填充】
对话框中将渐变颜色设置为由橘红色（R:255,G:132）到透明，其他参数设置如
图 9-38 所示。

图9-37　编辑蒙版后的效果

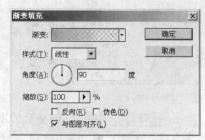

图9-38　【渐变填充】对话框

15. 单击 ██确定██ 按钮，添加渐变色后的图像效果如图 9-39 所示。

16. 单击 ▣ 按钮为"渐变填充 1"填充层添加图层蒙版，并利用 🖌 工具在图层蒙版上描绘黑色，将人物通过蒙版显示出来，编辑蒙版后的效果如图 9-40 所示。

图9-39　调整后的效果

图9-40　编辑蒙版后的效果

17. 单击  按钮，在弹出的菜单中选择【可选颜色】命令，然后在弹出的【可选颜色选项】对话框中设置各项参数如图 9-41 所示。

18. 单击 ⬜确定⬜ 按钮，调整后的图像效果如图 9-42 所示。

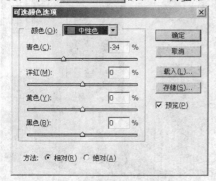
图9-41　【可选颜色选项】对话框

图9-42　调整后的效果

19. 单击 ⬜ 按钮，为"可选颜色 1"调整层添加图层蒙版，并利用 ✎ 工具在图层蒙版上描绘黑色，将人物通过蒙版显示出来，编辑蒙版后的效果如图 9-43 所示。

20. 利用 T 工具，输入如图 9-44 所示的白色文字，即可完成个性色调的调整。

图9-43　编辑蒙版后的效果

图9-44　输入的文字

21. 按 Shift+Ctrl+S 组合键，将此文件命名为"实训 03.psd"另存。

四、　实训总结

本实训主要运用了调整层、填充层及图层蒙版对图像进行了个性色调调整。在调整个性色调时，灵活运用调整命令和图层蒙版，可产生很多意想不到的效果。

实训 4——写真照片处理

本实训将通过一幅个人的写真照片处理，来熟练掌握【图像】/【调整】命令与图层混合模式、图层蒙版和【滤镜】命令的综合运用。

一、　实训目的

- 掌握【图像】/【调整】命令与其他命令的综合运用。
- 了解【滤镜】命令的功能及运用。

二、　实训内容

下面综合利用各种命令对人物照片进行处理，制作出如图 9-45 所示的写真效果。

三、　操作步骤

1. 打开素材文件中名为"女孩.jpg"的文件，如图 9-46 所示。

图9-45　制作出的写真照片效果

图9-46　打开的图片

2. 按 Ctrl+J 组合键，将"背景"层通过复制生成"图层 1"，然后将"图层 1"的图层混合模式设置为"滤色"，更改混合模式后的效果如图 9-47 所示。

3. 将"图层 1"复制生成为"图层 1 副本"层，然后将"图层 1 副本"层的【不透明度】设置为"60%"。

4. 执行【图像】/【调整】/【可选颜色】命令，在弹出的【可选颜色】对话框中设置各项参数如图 9-48 所示，然后单击 确定 按钮，为画面稍微增加黄色。

5. 按 Shift+Ctrl+Alt+E 组合键盖印图层，生成"图层 2"，然后执行【图像】/【调整】/【去色】命令，将图像转换为相同颜色模式下的灰度图像，效果如图 9-49 所示。

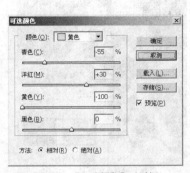

图9-47　更改混合模式后的效果　　　　图9-48　【可选颜色】对话框　　　　图9-49　去色后的效果

6. 执行【滤镜】/【画笔描边】/【喷色描边】命令，在弹出的【喷色描边】对话框中设置各项参数如图 9-50 所示。

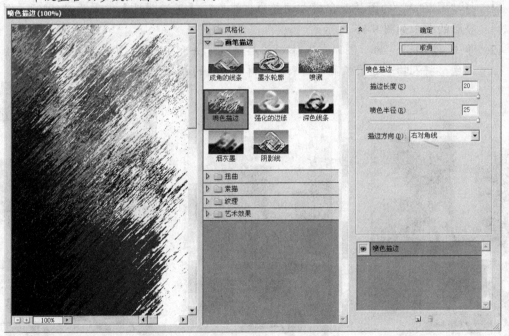

图9-50　【喷色描边】对话框

7. 单击　确定　按钮，执行【喷色描边】命令后的效果如图 9-51 所示。

8. 单击【图层】面板下方的 按钮，为"图层 2"添加图层蒙版，并利用 工具在图层蒙版上描绘黑色，将人物通过蒙版显示出来，然后设置不同的透明度，将部分背景图像显示出来，编辑蒙版后的【图层】面板形态及画面效果如图 9-52 所示。

9. 按 Shift+Ctrl+Alt+E 组合键盖印图层，生成"图层 3"，然后执行【滤镜】/【模糊】/【高斯模糊】命令，在弹出的【高斯模糊】对话框中设置参数如图9-53 所示。

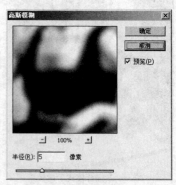

图9-51 喷色描边后的效果　　　图9-52 编辑蒙版后的效果　　　图9-53 【高斯模糊】对话框

10. 单击　确定　按钮，执行【高斯模糊】命令后的效果如图 9-54 所示。

11. 将"图层 3"的图层混合模式设置为"滤色"，【不透明度】设置为"60%"，调整后的效果如图 9-55 所示。

12. 单击 按钮，为"图层 3"添加图层蒙版，并利用 工具在图层蒙版上描绘黑色，将人物通过蒙版显示出来，编辑蒙版后的效果如图 9-56 所示。

图9-54 执行【高斯模糊】命令后的效果　　图9-55 调整后的效果　　图9-56 编辑蒙版后的效果

13. 单击 按钮，在弹出的菜单中选择【可选颜色】命令，然后在弹出的【可选颜色选项】对话框中设置各项参数如图 9-57 所示。

14. 单击　确定　按钮，为画面中的部分区域添加青色，效果如图 9-58 所示。

15. 按 Shift+Ctrl+Alt+E 组合键盖印图层，生成"图层 4"，然后再次执行【滤镜】/【模糊】/【高斯模糊】命令，在弹出的【高斯模糊】对话框中，确认【半径】参数为"5"像素，单击　确定　按钮，图像模糊后的效果如图 9-59 所示。

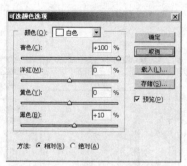

图9-57　【可选颜色选项】对话框　　　　图9-58　调整后的效果　　　　图9-59　高斯模糊后的效果

16. 将"图层 4"的图层混合模式设置为"柔光"，更改混合模式后的效果如图 9-60
　　所示。

17. 将"图层 4"复制为"图层 4 副本"层，加深暗部区域，然后将"背景"层复
　　制为"背景 副本"层，并将其调整至所有图层的上方。

18. 单击 按钮，为"背景 副本"层添加图层蒙版，并为图层蒙版填充上黑色，
　　然后利用 工具，在人物位置处喷绘白色编辑蒙版，将人物显示出来，编辑蒙
　　版后的画面效果如图 9-61 所示。

19. 新建"图层 5"，将前景色设置为黑色，背景色设置为灰绿色
　　（R:5,G:120,B:120）。

20. 执行【滤镜】/【渲染】/【云彩】命令，为画面添加由前景色到背景色混合而成
　　的云彩效果，如图 9-62 所示。

图9-60　更改混合模式后的效果　　　图9-61　编辑蒙版后的效果　　　图9-62　添加的云彩效果

21. 将"图层 5"的图层混合模式设置为"柔光"，【不透明度】设置为"80%"，然
　　后单击 按钮，为"图层 5"添加图层蒙版。

22. 利用 ✐工具在图层蒙版上描绘黑色，将人物通过蒙版显示出来，编辑蒙版后的效果如图 9-63 所示。

23. 单击 ◑ 按钮，在弹出的菜单中选择【曲线】命令，再在弹出的【曲线】对话框中依次选择"绿"通道和"蓝"通道，并分别调整曲线的形态如图 9-64 所示。

图9-63 编辑蒙版后的效果

图9-64 调整的曲线形态

24. 单击 确定 按钮，调整后的效果如图 9-65 所示，然后利用 T 工具输入如图 9-66 所示的文字，即可完成个人写真照片的处理。

图9-65 调整后的效果

图9-66 输入的文字

25. 按 Shift+Ctrl+S 组合键，将此文件命名为"实训 04.psd"另存。

四、 实训总结

本实训主要运用了【图像】/【调整】命令、图层混合模式、图层蒙版及部分【滤镜】命令对图像进行调整，在调整过程中，读者除要掌握各命令的综合运用外，还要熟练掌握盖印图层操作的应用。课下，也希望读者能多练习一下图像颜色案例调整，将【调整】命令熟练掌握。

第10章　滤镜的应用

本章主要介绍 Photoshop 软件中最精彩的内容——滤镜。根据艺术类别的不同,【滤镜】命令共分了 13 类,有 100 多种不同的效果,读者熟练掌握【滤镜】命令后,可以制作出许多精美的图像创意作品来。本章将利用滤镜菜单命令中最常用的命令,并结合前面学过的其他命令进行特殊效果的制作。

实训 1——抽出图像

本实训主要利用【滤镜】/【抽出】命令来将儿童图像从背景中选出。

一、 实训目的

掌握【抽出】命令的功能及使用方法。

二、 实训内容

利用【抽出】命令将儿童从背景中选出,然后移动到新文件中,制作出如图 10-1 所示的照片效果。

图10-1　制作出的照片效果

三、 操作步骤

1. 打开素材文件中名为 "儿童.jpg" 的文件。
2. 执行【滤镜】/【抽出】命令,弹出【抽出】对话框,如图 10-2 所示。

图10-2　【抽出】对话框

3. 选择 🔍 工具，在预览窗口中单击，将图像放大显示，这样可以精确地绘制轮廓边缘。

 使用【缩放】工具时，按住 Alt 键在预览窗口中单击可缩小显示图像；利用【抓手】工具 🖐 在预览窗口中用鼠标拖曳可移动图像；另外，当使用对话框中的其他工具时，按住空格键可临时切换到 🖐 工具。

4. 在【抽出】对话框中选择【边缘高光器】工具 ✎，在【工具选项】栏中将【画笔大小】设置为 "15"，【高光】和【填充】颜色分别设置为 "绿色" 和 "蓝色"，并勾选下面的【智能高光显示】复选框。

- 【画笔大小】：可设置边缘高光器、橡皮擦、清除和边缘修饰工具的笔头大小。

 在使用边缘高光器、橡皮擦、清除或边缘修饰工具时，按 [ ] 键可以增加笔头的大小；按 [ ] 键可以减小笔头的大小。

- 【高光】：设置高光的自定颜色，其下拉列表中包括【红色】、【蓝色】、【绿色】和【其他】4 个选项。
- 【填充】：设置由填充工具覆盖区域的自定颜色，其下拉列表中的选项与【高光】下拉列表中的相同。
- 【智能高光显示】：勾选此复选框，可以保持在图像轮廓边缘位置绘制智能高光轮廓色。

5. 将鼠标光标移动到人物边缘处拖曳，定义要抽出图像的边缘，如图 10-3 所示。

6. 按住空格键，在窗口中通过平移来显示图像的其他位置，然后在人物图像的边缘依次绘制出高光轮廓，如图 10-4 所示。

 在定义高光区域时，若用户对定义的区域不满意，可以利用对话框中的【橡皮擦】工具 ✐ 在高光上拖曳鼠标光标，即可将其擦除，然后再利用 ✐ 工具重新绘制高光区域。

图10-3　定义的图像边缘

图10-4　绘制的高光轮廓

7. 选择 ✍ 工具，在定义的高光区域内单击，以填充抽出图像的内部，如图 10-5 所示。

图10-5　填充高光区域后的效果

8. 单击 <u>预览</u> 按钮，即可查看抽出后的图像效果，如图 10-6 所示。

图10-6　抽出后的效果

如果用户对所抽出图像的效果不满意，可以利用  和 ✍ 工具进行修改（只有单击 预览 按钮后这两个工具才变为可用状态）。

- 【清除】工具 ✍：在抽出的图像上拖曳鼠标光标，可以减去不透明度并具有累积效果，还可以使用【清除】工具填充取出对象中的间隙；如果按住 Alt 键，可以将出现透明效果的原图像重新显示出来。
- 【边缘修饰】工具 ✍：在抽出的图像上拖曳鼠标光标，可以锐化边缘并具有累积效果。如果没有清晰的边缘，则【边缘修饰】工具可以给对象添加不透明度或从背景中减去不透明度。

9. 利用 ✍ 和 ✍ 工具，设置较小的笔头，并结合 Alt 键，将人物轮廓边缘修饰干净，然后单击 确定 按钮。

10. 打开素材文件中名为"儿童模板.jpg"的文件，然后将"儿童.jpg"文件设置为工作状态，并将抽出的儿童图像移动复制到打开的"儿童模板.jpg"文件中，调整至合适的大小，即可组合成如图 10-1 所示的画面效果。

11. 按 Shift+Ctrl+S 组合键，将此文件命名为"实训 01.psd"另存。

四、实训总结

利用【抽出】命令可以将图像从复杂的背景中分离出来，即使人物照片中的头发，使用此命令也可非常容易地将其从背景中分离出来。当需要对图像进行抽出时，执行【滤镜】/【抽出】命令，将弹出【抽出】对话框。在该对话框中，首先利用【边缘高光器】工具在图像窗口中显示图像的轮廓边缘绘制线形，标记出需要保留图像的轮廓，然后将要保留的区域进行填充，单击 确定 按钮后，即可将图像抽出。当图像被抽出后，背景层将被去除，变为透明效果的普通图层。

实训 2——利用消失点命令贴图

本实训将通过为沙发模型贴图，来进一步熟练掌握【消失点】命令的运用。

一、实训目的

- 掌握【消失点】命令的功能及使用方法。
- 掌握为沙发模型贴图的方法。

二、实训内容

利用【消失点】命令为沙发模型贴图，最终效果如图 10-7 所示。

图10-7　沙发模型贴图后的效果

三、操作步骤

1. 打开素材文件中名为"沙发.jpg"的文件。

2. 利用 和 工具，绘制并调整出如图 10-8 所示的路径，然后按 Ctrl+Enter 组合键，将路径转换为选区。

3. 按 Ctrl+J 组合键，将选区中的图像通过复制生成"图层 1"，然后新建"图层 2"。

4. 打开素材文件中名为"壁纸.jpg"的文件。

5. 按 Ctrl+A 组合键全选图像，然后按 Ctrl+C 组合键将图像复制到剪贴板中，以备在【消失点】对话框中给沙发贴图用。

6. 将"沙发.jpg"文件设置为工作状态，执行【滤镜】/【消失点】命令，弹出【消失点】对话框，选择【创建平面】工具 ，在沙发正面的左上角位置单击确定绘制网格的起点，然后向右移动鼠标光标并单击确定网格的第二个控制点，依次绘制出沙发立面的网格，如图 10-9 所示。

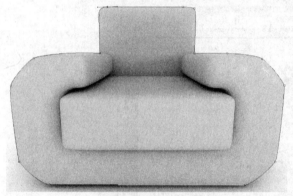

图10-8 绘制的路径　　　　　　　　　　图10-9 绘制的网格

7. 选择 工具，将鼠标光标放置到任意角点位置按下鼠标左键并拖曳，可调整角控制点的位置，如图 10-10 所示。

8. 将鼠标光标移动到任意边中间的控制点上，按下鼠标左键并拖曳，可调整网格边缘的位置，如图 10-11 所示。

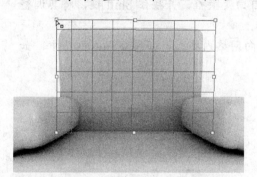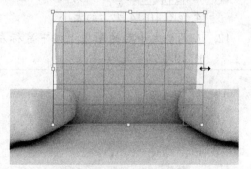

图10-10 调整角控制点时的状态　　　　　图10-11 调整网格边缘时的状态

 绘制网格或调整网格后，只有网格显示为蓝色时，其透视关系才正确。当网格显示为红色或黄色时，说明绘制网格的透视不正确，当为网格内应用图案时，将出现不正确的透视图案，希望读者注意。

9. 利用 工具，根据沙发的结构，再分别绘制出坐垫和左右两边扶手的网格，如图 10-12 所示。

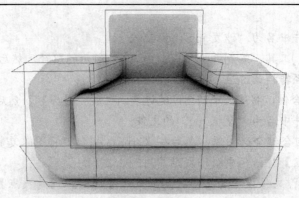

图10-12　绘制的网格

10. 按 Ctrl+V 组合键，将前面复制到剪贴板中的图像粘贴到【消失点】对话框中，如图 10-13 所示。

图10-13　贴入的图像

11. 按 Ctrl+T 组合键，为贴入的图像添加自由变换框，并按住 Shift 键，将其调整至如图 10-14 所示的大小。

12. 在调整大小后的图案上按下鼠标左键并向网格内拖曳，将图案贴入网格中，如图 10-15 所示。

图10-14　调整后的图像大小

图10-15　拖曳到网格后的效果

13. 按住 Alt 键，在网格内的图案上按住鼠标左键并拖曳，至另一网格中释放鼠标左键。

14. 用相同的移动复制方法，将图案依次移动复制到其他的网格中，效果如图 10-16 所示。

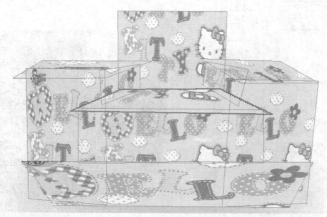

图10-16　复制出的图像

15. 单击 确定 按钮，关闭【消失点】对话框，得到如图 10-17 所示的画面效果。

16. 按住 Ctrl 键，单击"图层 1"的图层缩览图，载入沙发的选区，如图 10-18 所示。

图10-17　执行【消失点】命令后的效果

图10-18　载入的选区

17. 按 Shift+Ctrl+I 组合键将选区反选，再按 Delete 键删除沙发外的图案，去除选区后的效果如图 10-19 所示。

18. 将"图层 2"的图层混合模式设置为"正片叠底"，这样就得到了非常漂亮的沙发贴图效果，如图 10-20 所示。

图10-19　删除多余图案后的效果

图10-20　更改混合模式后的效果

19. 按 Ctrl+M 组合键，弹出【曲线】对话框，将曲线调整至如图 10-21 所示的形态。

20. 单击 确定 按钮，图案调暗处理后的效果如图 10-22 所示。

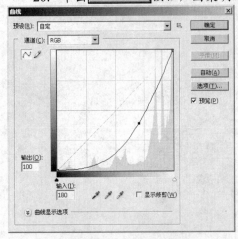

图10-21 【曲线】对话框   图10-22 调整后的效果

21. 按 Shift+Ctrl+S 组合键，将此文件命名为"实训 02.psd"另存。

四、 实训总结

【消失点】命令是一种可以简化在包含透视平面（如建筑物的一侧、墙壁、地面或任何矩形物体）的图像中进行的透视校正编辑的过程。在编辑消失点时，可以在图像中指定平面，然后应用绘画、仿制、复制或粘贴以及变换等编辑操作，所有这些编辑操作都将根据所绘制的平面网格来给图像添加透视。

实训 3——制作游泳圈效果

本实训主要运用【滤镜】/【素描】/【半调图案】命令、【滤镜】/【扭曲】/【极坐标】命令，并结合选区的灵活运用和【图层样式】命令来制作游泳圈效果。

一、 实训目的

利用【滤镜】命令掌握游泳圈效果的制作方法。

二、 实训内容

制作的游泳圈效果如图 10-23 所示。

三、 操作步骤

1. 新建一个【宽度】为"15 厘米"，【高度】为"15厘米"，【分辨率】为"100 像素/英寸"，【颜色模式】为"RGB 颜色"，【背景内容】为"白色"的文件。

2. 将前景色设置为红色（R:255），背景色设置为白色，然后新建"图层 1"，并为其填充白色。

3. 执行【滤镜】/【素描】/【半调图案】命令，弹出【半调图案】对话框，设置各项参数如图 10-24 所示，然后单击 确定 按钮。

图10-23 制作的游泳圈效果

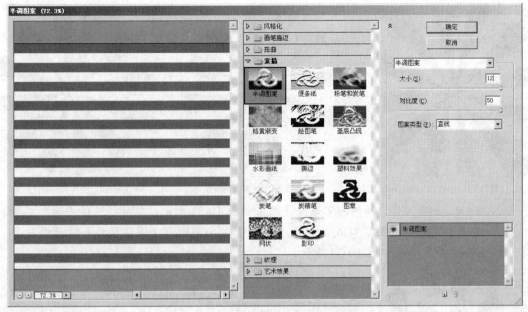

图10-24 【半调图案】对话框

4. 执行【编辑】/【变换】/【旋转 90 度（顺时针）】命令，将图像顺时针旋转，效果如图 10-25 所示。

5. 执行【滤镜】/【扭曲】/【极坐标】命令，弹出【极坐标】对话框，选项设置如图 10-26 所示。

6. 单击 确定 按钮，执行【极坐标】命令后的画面效果如图 10-27 所示。

图10-25 图像旋转后的效果　　　　图10-26 【极坐标】对话框　　　　图10-27 执行【极坐标】命令后的效果

7. 选择 ◯ 工具，按住 Shift 键绘制出如图 10-28 所示的圆形选区。

8. 按 Shift+Ctrl+I 组合键，将选区反选，然后按 Delete 键将选择的内容删除，效果如图 10-29 所示。

9. 按 Shift+Ctrl+I 组合键，将选区再次反选，然后执行【选择】/【变换选区】命令，为选区添加自由变形框。

10. 按住 Shift+Alt 组合键，将选区调整至如图 10-30 所示的形态，然后按 Enter 键，确认选区的变换操作。

图10-28 绘制的选区　　　　　　图10-29 删除图像后的效果　　　　　　图10-30 变换后的选区形态

11. 按 Delete 键，将选择的内容删除，效果如图 10-31 所示，然后将选区去除。

12. 执行【图层】/【图层样式】/【混合选项】命令，弹出【图层样式】对话框，设置各选项及参数如图 10-32 所示。

图10-31 删除图像后的画面效果

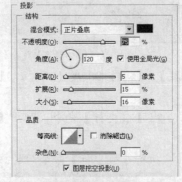

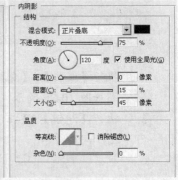

图10-32 【图层样式】对话框

13. 单击 确定 按钮，即可完成游泳圈的制作，添加图层样式后的效果如图 10-23 所示。

14. 按 Ctrl+S 组合键，将此文件命名为"实训 03.psd"保存。

四、 实训总结

在游泳圈效果的制作过程中，主要学习了【滤镜】/【素描】/【半调图案】命令和【滤镜】/【扭曲】/【极坐标】命令及选区的变换与灵活运用。另外，执行【图层样式】/【内阴影】命令是制作立体效果关键的一步，希望读者注意。

实训 4——制作炫光效果

本实训主要运用【镜头光晕】命令、【极坐标】命令和【水波】命令，并结合图层混合模式来制作炫光效果。

一、 实训目的

掌握炫光效果的制作方法。

二、 实训内容

制作的炫光效果如图 10-33 所示。

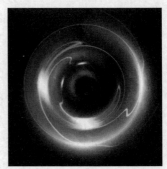

图10-33 制作的炫光效果

三、 操作步骤

1. 新建一个【宽度】为"15 厘米",【高度】为"15 厘米",【分辨率】为"100 像素/英寸",【颜色模式】为"RGB 颜色",【背景内容】为"白色"的文件,然后为背景层填充黑色。

2. 执行【滤镜】/【渲染】/【镜头光晕】命令,弹出【镜头光晕】对话框,设置各选项及参数如图 10-34 所示。

3. 单击 确定 按钮,添加镜头光晕后的画面效果如图 10-35 所示。

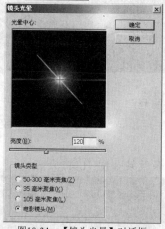

图10-34 【镜头光晕】对话框   图10-35 添加镜头光晕后的画面效果

4. 用与步骤 2~3 相同的方法,依次为画面添加镜头光晕效果,并分别将其光晕中心调整至如图 10-36 所示的位置。

5. 单击 确定 按钮,添加镜头光晕后的画面效果如图 10-37 所示。

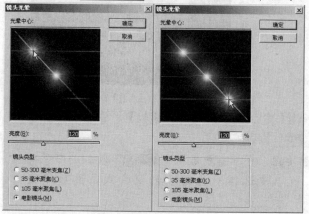

图10-36 【镜头光晕】对话框   图10-37 【镜头光晕】对话框

6. 执行【滤镜】/【扭曲】/【极坐标】命令,在弹出的【极坐标】对话框中,点选【平面坐标到极坐标】单选按钮,然后单击 确定 按钮,执行【极坐标】命令后的效果如图 10-38 所示。

7. 将"背景层"复制为"背景 副本"层,然后执行【编辑】/【变换】/【旋转 90度(顺时针)】命令,将复制出的图像顺时针旋转。

8. 将"背景 副本"层的图层混合模式设置为"滤色",更改混合模式后的画面效果如图 10-39 所示。

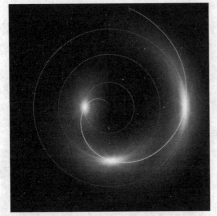

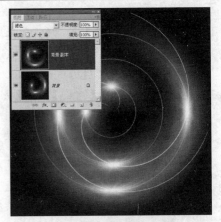

图10-38 执行【极坐标】命令后的效果
图10-39 更改混合模式后的效果

9. 按 Ctrl+E 组合键，将"背景 副本"层向下合并为"背景"层，然后执行【滤镜】/【扭曲】/【水波】命令，弹出【水波】对话框，设置各选项及参数如图 10-40 所示。

10. 单击 确定 按钮，执行【水波】命令后的画面效果如图 10-41 所示。

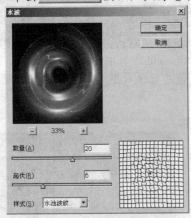

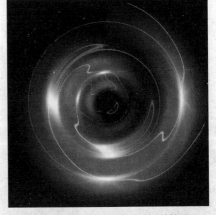

图10-40 【水波】对话框
图10-41 执行【水波】命令后的效果

11. 执行【滤镜】/【模糊】/【高斯模糊】命令，弹出【高斯模糊】对话框，设置参数如图 10-42 所示，然后单击 确定 按钮。

12. 选择 工具，激活属性栏中的 按钮，再单击属性栏中 按钮的颜色条部分，在弹出【渐变编辑器】窗口中选择"色谱"渐变样式，然后单击 确定 按钮。

13. 新建"图层 1"，并将其图层混合模式设置为"叠加"，然后在图像窗口中自中心向下填充渐变色，效果如图 10-43 所示。

14. 按 Ctrl+S 组合键，将此文件命名为"实训 04.psd"保存。

四、 实训总结

在制作炫光效果的过程中，主要运用了【滤镜】/【渲染】/【镜头光晕】命令。需要注意的是，在添加光晕时，要将光晕设置在不同的位置，这样在执行【滤镜】/【扭曲】/【极坐标】命令后才能出现均匀分布发光点的现象。另外，叠加"色谱"渐变色也是炫光效果比较出彩的操作，读者也可试验为其叠加不同的渐变色，以制作出其他的炫光效果。

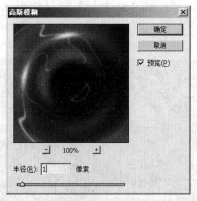

图10-42 【水波】对话框

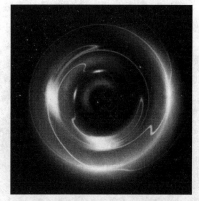

图10-43 填充渐变色后的效果

实训 5——制作礼花效果

本实训主要运用【极坐标】命令、【风】命令，并结合叠加渐变颜色操作和添加外发光效果来制作礼花效果。

一、 实训目的

掌握礼花效果的制作方法。

二、 实训内容

制作的礼花效果如图 10-44 所示。

图10-44 制作的礼花效果

三、 操作步骤

1. 新建一个【宽度】为"20 厘米"，【高度】为"15 厘米"，【分辨率】为"200 像素/英寸"，【颜色模式】为"RGB 颜色"，【背景内容】为"白色"的文件，然后为"背景"层填充上黑色。

2. 新建"图层 1"，然后利用 ✐ 工具在画面中依次单击，喷绘出如图 10-45 所示的白色圆点。

3.　执行【滤镜】/【扭曲】/【极坐标】命令，在弹出的【极坐标】对话框中点选
【极坐标到平面坐标】单选按钮，单击 确定 按钮，执行【极坐标】命令后
的效果如图 10-46 所示。

图10-45　喷绘出的白点

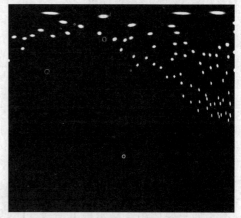

图10-46　执行【极坐标】命令后的效果

4.　执行【图像】/【旋转画布】/【90 度（顺时针）】命令，将画布顺时针旋转，然
后执行【滤镜】/【风格化】/【风】命令，在弹出的【风】对话框中设置选项如
图 10-47 所示。

5.　单击 确定 按钮，执行【风】命令后的效果如图 10-48 所示。

6.　执行【图像】/【旋转画布】/【90 度（逆时针）】命令，将画布逆时针旋转，然
后执行【滤镜】/【扭曲】/【极坐标】命令，在弹出的【极坐标】对话框中设置
选项如图 10-49 所示。

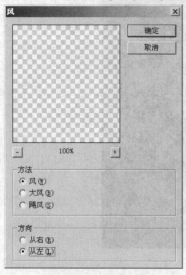

图10-47　【风】对话框

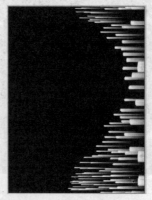

图10-48　执行【风】命令后的效果

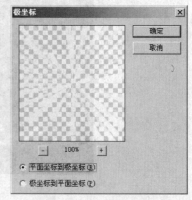

图10-49　【极坐标】对话框

7.　单击 确定 按钮，执行【极坐标】命令后的效果如图 10-50 所示。

8.　选择 工具，激活属性栏中的 按钮，再单击属性栏中 按钮的颜色条
部分，弹出【渐变编辑器】窗口，设置渐变颜色参数如图 10-51 所示，然后单击
确定 按钮。

图10-50 执行【极坐标】命令后的效果

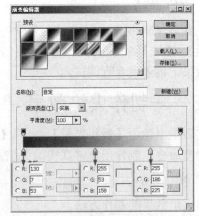

图10-51 【渐变编辑器】窗口

9. 单击⊞按钮，锁定"图层 1"中的透明像素，然后在图像的左下方按住鼠标左键并向右上方拖曳，为图像填充径向渐变色，效果如图 10-52 所示。

10. 执行【图层】/【图层样式】/【外发光】命令，在弹出的【图层样式】对话框中设置各项参数如图 10-53 所示。

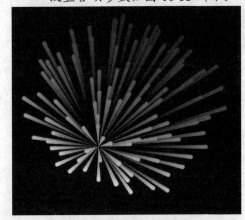

图10-52 填充渐变色后的效果

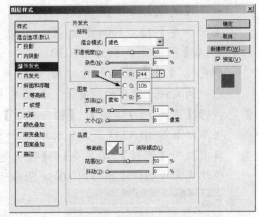

图10-53 【图层样式】对话框

11. 单击 确定 按钮，添加外发光样式层后的图像效果如图 10-54 所示。

12. 利用【自由变换】命令将制作出的礼花旋转至如图 10-55 所示的形态。

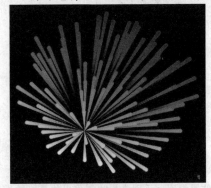

图10-54 添加外发光样式后的效果

图10-55 旋转后的形态

13. 用同样的方法依次制作出其他的礼花效果，然后按 Ctrl+S 组合键，将此文件命名为"实训 05.psd"保存。

四、 实训总结

在礼花效果的制作过程中，主要学习了【滤镜】/【扭曲】/【极坐标】命令和【滤镜】/【风格化】/【风】命令的结合使用。灵活运用 工具绘制不同形式的白点可制作出不同形式的礼花效果，读者可自行调试。

实训 6——制作火焰效果

本实训主要运用【镜头光晕】命令、【波浪】命令、【极坐标】命令和【置换】命令以及多种颜色调整命令，制作出非常真实的火焰效果。

一、 实训目的

掌握火焰效果的制作方法。

二、 实训内容

制作的火焰效果如图 10-56 所示。

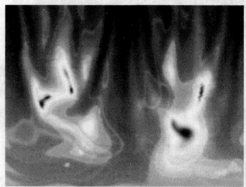

图10-56 制作的火焰效果

三、 操作步骤

1. 新建一个【宽度】为"20 厘米"，【高度】为"15 厘米"，【分辨率】为"100 像素/英寸"，【颜色模式】为"RGB 颜色"，【背景内容】为"白色"的文件，然后为"背景"层填充上黑色。

2. 执行【滤镜】/【渲染】/【镜头光晕】命令，弹出【镜头光晕】对话框，设置各项参数如图 10-57 所示，然后单击 确定 按钮。

3. 再次执行【滤镜】/【渲染】/【镜头光晕】命令，在弹出的【镜头光晕】对话框中将光晕中心设置到如图 10-58 所示的位置。

图10-57 【镜头光晕】对话框

图10-58 【镜头光晕】对话框

在设置镜头光晕时，最好将光晕中心设置得与本例的位置相同，否则会影响制作出的最终效果。

4. 单击 确定 按钮，添加镜头光晕后的画面效果如图 10-59 所示。

5. 按 Ctrl+B 组合键，在弹出的【色彩平衡】对话框中设置各项参数如图 10-60 所示。

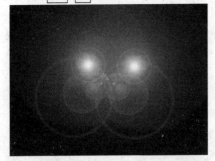

图10-59 添加镜头光晕后的画面效果

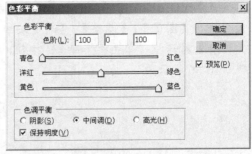

图10-60 【色彩平衡】对话框

6. 单击 确定 按钮，调整色彩平衡后的画面效果如图 10-61 所示。

7. 执行【滤镜】/【扭曲】/【波浪】命令，在弹出的【波浪】对话框中设置各项参数如图 10-62 所示。

图10-61 调整色彩平衡后的画面效果

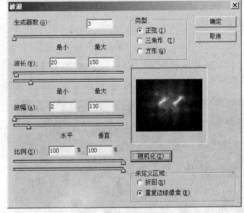

图10-62 【波浪】对话框

8. 单击 确定 按钮，执行【波浪】命令后的画面效果如图 10-63 所示。

 如果读者生成的波浪效果与此处给出的不一样，可按 Ctrl+Z 组合键撤销此操作，然后再次执行【滤镜】/【扭曲】/【波浪】命令，在弹出的【波浪】对话框中依次单击 随机化(Z) 按钮，直至出现与本例给出效果相似的效果即可。

9. 按 Ctrl+J 组合键，将"背景"层通过复制生成"图层 1"，然后按 Ctrl+I 组合键，将"图层 1"中的图像反相显示。

10. 将"图层 1"的图层混合模式设置为"差值"，更改混合模式后的画面效果如图 10-64 所示。

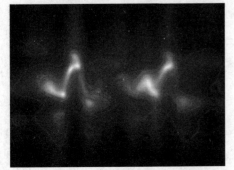

图10-63 执行【波浪】命令后的画面效果

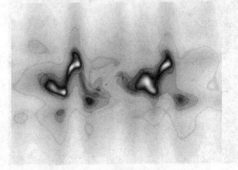

图10-64 更改混合模式后的画面效果

11. 按 Ctrl+E 组合键，将"图层 1"向下合并为"背景"层，然后将前景色设置为蓝色（G:104,B:183），背景色设置为白色。

12. 执行【图像】/【调整】/【渐变映射】命令，弹出如图 10-65 所示的【渐变映射】对话框，单击 确定 按钮，执行【渐变映射】命令后的画面效果如图 10-66 所示。

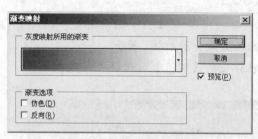

图10-65　【渐变映射】对话框

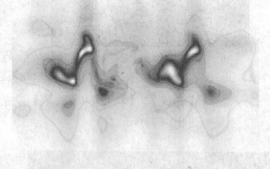

图10-66　执行【渐变映射】命令后的画面效果

13. 按 Ctrl+I 组合键，将画面反相显示，效果如图 10-67 所示，然后按 Ctrl+M 组合键，在弹出的【曲线】对话框中调整曲线形态如图 10-68 所示。

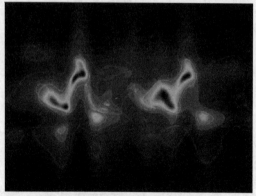

图10-67　反相显示后的画面效果

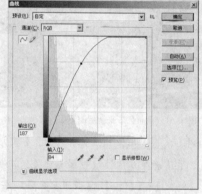

图10-68　【曲线】对话框

14. 单击 确定 按钮，调整【曲线】后的画面效果如图 10-69 所示。

15. 执行【滤镜】/【扭曲】/【极坐标】命令，在弹出的【极坐标】对话框中设置选项如图 10-70 所示。

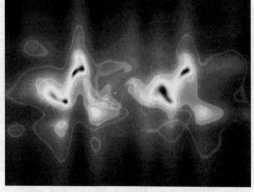

图10-69　调整【曲线】后的画面效果

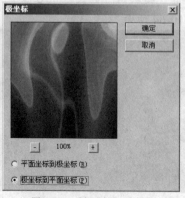

图10-70　【极坐标】对话框

16. 单击 确定 按钮，执行【极坐标】命令后的画面效果如图10-71所示。

17. 执行【图像】/【旋转画布】/【垂直翻转画布】命令，将画布垂直翻转，然后执行【滤镜】/【扭曲】/【置换】命令，在弹出的【置换】对话框中设置各项参数如图10-72所示。

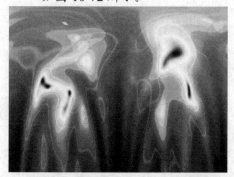

图10-71 执行【极坐标】命令后的画面效果

图10-72 【置换】对话框

18. 单击 确定 按钮，在弹出的【选择一个置换图】对话框中选择素材文件中名为"纹理.psd"的文件，置换后的画面效果如图10-73所示。

19. 执行【滤镜】/【扭曲】/【波浪】命令，在弹出的【波浪】对话框中设置各项参数如图10-74所示。

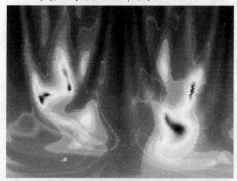

图10-73 置换后的画面效果

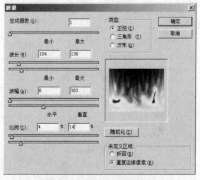

图10-74 【波浪】对话框

20. 单击 确定 按钮，执行【波浪】命令后的画面效果如图10-75所示。

21. 打开【通道】面板，将"红"通道设置为工作状态，然后执行【滤镜】/【模糊】/【高斯模糊】命令，在弹出的【高斯模糊】对话框中设置参数如图10-76所示，然后单击 确定 按钮。

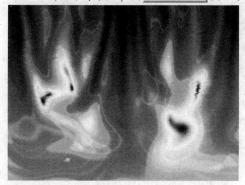

图10-75 执行【波浪】命令后的画面效果

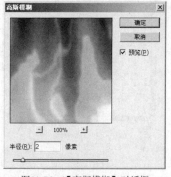

图10-76 【高斯模糊】对话框

22. 将 "绿" 通道设置为工作状态，再按 $\boxed{Ctrl}$+$\boxed{F}$ 组合键，重复执行【高斯模糊】命令，然后按 $\boxed{Ctrl}$+$\boxed{\sim}$ 组合键，返回到 RGB 颜色模式，模糊后的画面效果如图 10-77 所示。

 上面分别对各通道执行【高斯模糊】命令，目的是对火焰中的黄色纹理线进行柔化，若读者制作的纹理线不是太明显，此操作可省略。

23. 按 $\boxed{Alt}$+$\boxed{Ctrl}$+$\boxed{3}$ 组合键，载入 "蓝" 通道的选区，载入的选区形态如图 10-78 所示。

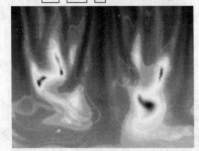

图10-77　模糊后的画面效果

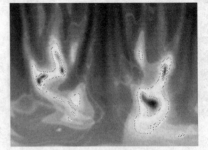

图10-78　载入的选区形态

24. 按 $\boxed{Ctrl}$+$\boxed{M}$ 组合键，在弹出的【曲线】对话框中调整曲线形态如图 10-79 所示，然后单击 　确定　 按钮，调整曲线后的效果如图 10-80 所示。

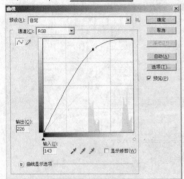

图10-79　【曲线】对话框

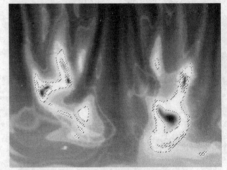

图10-80　调整曲线后的画面效果

25. 按 $\boxed{Ctrl}$+$\boxed{D}$ 组合键，将选区去除，再按 $\boxed{Ctrl}$+$\boxed{M}$ 组合键，在弹出的【曲线】对话框中将【通道】设置为 "红"，然后将曲线调整至如图 10-81 所示的形态。

26. 单击 　确定　 按钮，调整曲线后的画面效果如图 10-82 所示。

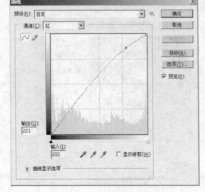

图10-81　【曲线】对话框

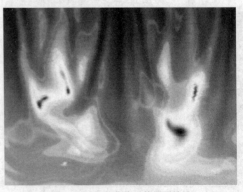

图10-82　调整曲线后的画面效果

27. 按 Ctrl+B 组合键，弹出【色彩平衡】对话框，点选【高光】单选按钮，然后设置参数如图 10-83 所示。

28. 单击 确定 按钮，调整色彩平衡后的画面效果如图 10-84 所示。

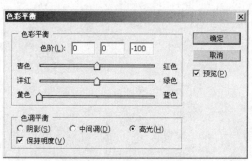

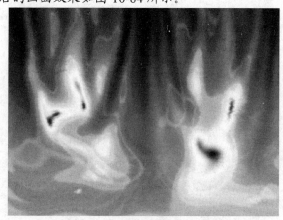

图10-83　【色彩平衡】对话框　　　　　　　　　图10-84　调整色彩平衡后的画面效果

29. 按 Ctrl+S 组合键，将此文件命名为"实训 06.psd"保存。

四、 实训总结

在火焰效果的制作过程中，运用了多个滤镜命令，综合运用各种命令可制作出很多特殊的效果，希望读者多尝试一些命令的组合使用，以全面掌握其功能及使用方法。另外，需要注意的是，有很多滤镜命令是随机性的，也就是说每执行一次滤镜命令产生的效果都不一样，遇到这种情况，可多次单击对话框中的 随机化(Z) 按钮，或按 Ctrl+F 组合键重复执行，以取得想要的最终效果。